U0275672

住宅格局设计全书

● 东贩编辑部　编著

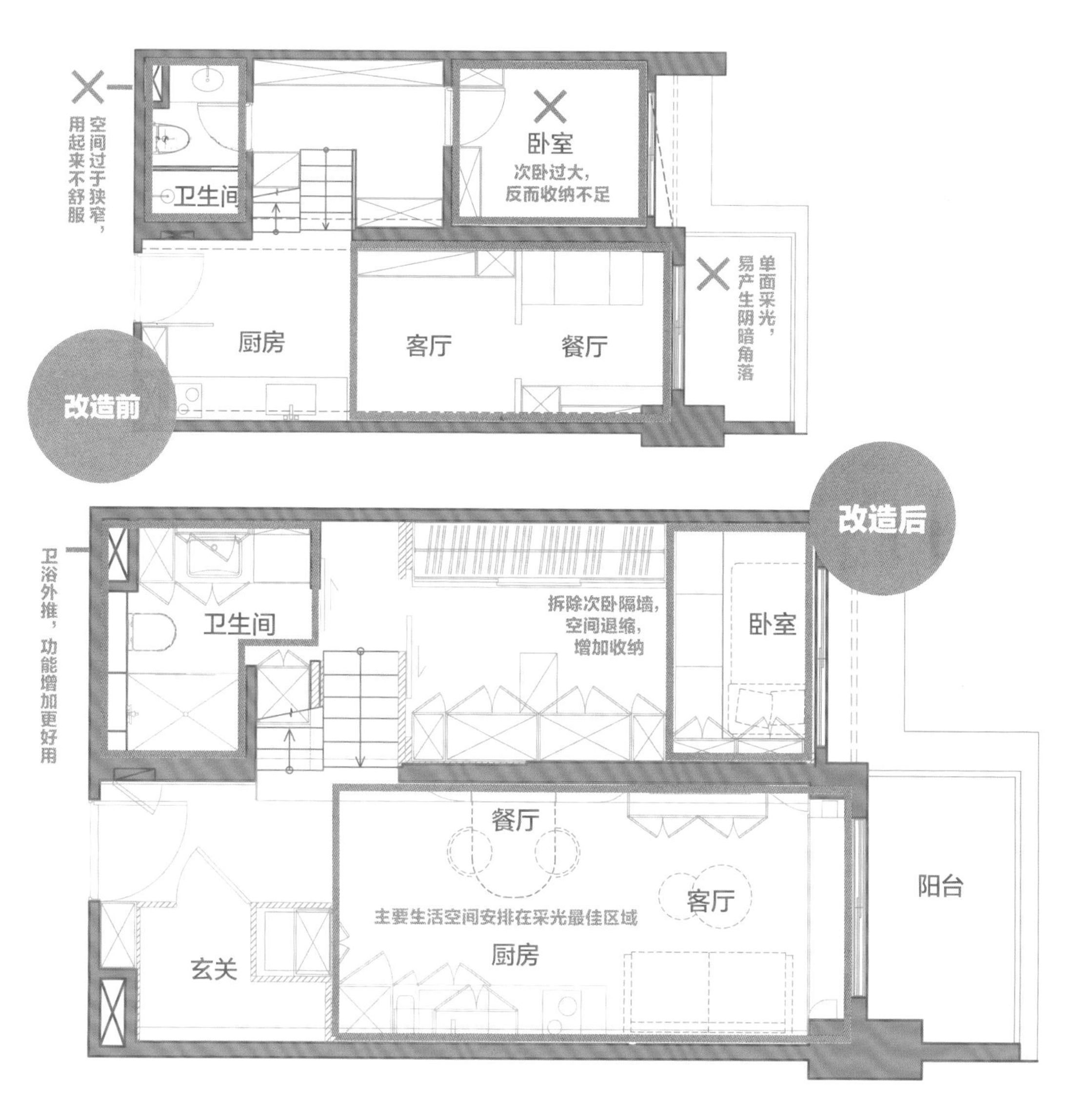

江苏凤凰科学技术出版社 · 南京

江苏省版权局著作权合同登记 图字：10-2021-81

图书在版编目（CIP）数据

住宅格局设计全书 / 东贩编辑部编著. — 南京 : 江苏凤凰科学技术出版社, 2022.3

ISBN 978-7-5713-2791-0

Ⅰ. ①住… Ⅱ. ①东… Ⅲ. ①住宅－建筑设计 Ⅳ. ①TU241

中国版本图书馆CIP数据核字(2022)第028586号

住宅格局设计全书

编　　著	东贩编辑部
项目策划	凤凰空间/徐　磊
责任编辑	赵　研　刘屹立
特约编辑	徐　磊
出版发行	江苏凤凰科学技术出版社
出版社地址	南京市湖南路1号A楼，邮编：210009
出版社网址	http://www.pspress.cn
总　经　销	天津凤凰空间文化传媒有限公司
总经销网址	http://www.ifengspace.cn
印　　刷	河北京平诚乾印刷有限公司
开　　本	710 mm×1 000 mm　1 / 16
印　　张	12
字　　数	200 000
版　　次	2022年3月第1版
印　　次	2022年3月第1次印刷
标准书号	ISBN 978-7-5713-2791-0
定　　价	78.00元

图书如有印装质量问题，可随时向销售部调换（电话：022-87893668）。

CONTENTS
目录

1 66 m^2 以下，小却更好住的宽敞格局

2

怀旧老屋，摆脱老态，变身新格局

3

依据生活方式，量身定制专属格局

4

空间微整，变身舒适格局

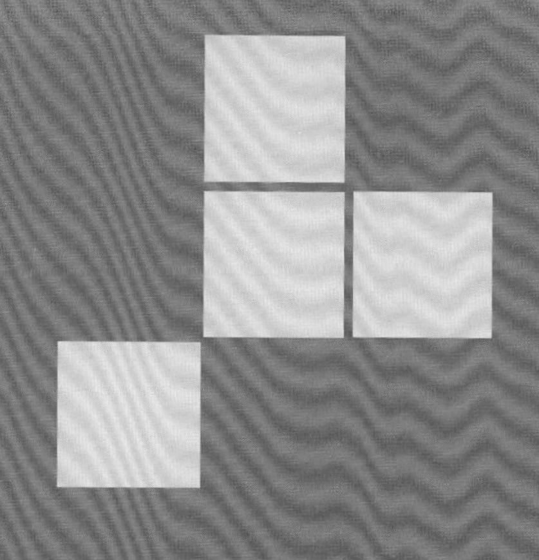

1

66 m^2 以下，小却更好住的宽敞格局

城市里人口密集，房价高昂，加上小家庭及单身人士日益增多，小户型逐渐成为房市主流。虽然房子小，但日常所需的功能和设备却与中大户型差不多。如何在有限的空间中既满足生活需求，同时还能住出宽敞的空间感，就成为小格局住宅的设计重点。

设计原则 1 隔间墙收放自如，增强空间弹性

小户型格局规划常见捉襟见肘的窘境。比如在紧张、有限的空间里，房主往往面临有了衣帽间就没有书房的情况，如果想要书房就得忍受狭窄的小客厅，或者隔出书房后，卧室就被挤压得小到难以转身。好不容易跻身有房一族，一定要住得如此委屈吗?

其实大可不必，只要秉持善用弹性隔间与共用空间的设计原则，就能学会满足更多需求，且拥有更大空间感的设计。例如客房与书房可共享同一空间，并搭配折叠门或推拉门，取代以前隔间的实墙设计，平日可将此门打开，让空间融入客厅内，从而使视野更加开阔。

▲和室门板设计为可旋转的双开式，需要时可以收放至两侧，让和室变成开放格局，关上则可以隔出卧室、书房两个独立空间。（空间设计及图片提供：构设计）

至于衣帽间，同样也可以采用轨道滑门来做隔断，或用布帘做软性隔断，让衣帽间既可以独立使用，也可以成为卧室的一部分。其他如书房、工作间、儿童房等隐私性较低的房间，都可以选用此类弹性隔断来做设计，让空间更加灵活，可以随着不同需求或情境来自由使用。

◀用悬吊式推拉门做出隔间，平时可以打开，给工作间更大空间，需要时则将推拉门关闭，让工作间成为独立房间。（空间设计及图片提供：ST design studio）

设计原则 2 创造超越面积的空间深度

小户型设计除了要满足生活功能需求外，视觉上的效果也是必须考虑的。比如，如果一睁眼就要面壁的话，会给居住者很大的压迫感，住久了也不利于健康。因此，哪怕再也挤不出空间来拓宽视野，只能接受格局的限制，也并不意味着没有办法改变这种情况。

▲以玻璃隔断取代实墙，让户外光线进入室内的同时，视野也更开放，需要时可搭配窗帘来提升隐私性。（空间设计及图片提供：拾隅空间设计）

比如，如果能在硬邦邦没有任何缓冲的实墙上贴上镜面，运用镜子反射出双倍的空间场景，就能放大空间感，使视觉空间的深度或宽度加大。这种方法如果用于卧室内，还可以提供穿衣镜的功能；若不喜欢太直接的反射，可以选择灰镜、茶镜或金属材质的镜面，让空间呈现隐约延伸的视觉效果。另外，也可运用玻璃隔断来制造通透、放大的空间感，让玻璃后方的空间呈现如开窗一样的景象。

玻璃或镜面的运用可以采用局部设计的手法，一来可以产生视觉延伸感，且不会直接倒映人影，二来也可以减少误撞的情况。而局部玻璃隔断的设计则加入了私密性的考量，让通透性与私密性同时被兼顾。

◀客厅沙发后方的墙壁上半部使用通透玻璃隔断设计，既避免了房间中的压迫感，也缓解了客厅纵深较短的问题。（空间设计及图片提供：璞沃设计）

▶玄关左侧使用了茶镜的设计，可为出入的家人提供穿衣镜的贴心服务，同时也让玄关的视野得以延伸、放大。（空间设计及图片提供：构设计）

设计原则 3 变化多端、一物多用的家具设计

空间共享是小户型设计的常用手法之一，设计前应先考量空间的使用频率，一个空间通常不会 24 小时一直使用，因此，使用频率较低的如餐厅、书房或工作间等，不使用时就可挪作他用，让空间发挥更多功能。

为使空间用途转换更为便利，设计师研发出各种一物多用的设计。比如一面做电视柜、另一面打造书桌的中岛可一体两用，减少空间浪费；位于动线上可收纳的餐桌，不用时便收进柜内，让餐厅动线恢复流畅；榻榻米中间的桌面升起时可以满足泡茶、聊天的需求，放下桌面则可在此躺卧、休憩；书房书桌也可采用拉出式的桌面设计，不用时收进墙内，既能保持整洁，又便于转换空间功能用作客房；其他比如可收进墙面的床铺也常被设计在书房内。

▲客厅沙发的靠背向后延伸设计成书桌桌面，让 30 多平方米的小户型拥有采光较好的客厅与书房等完整功能的空间。（空间设计及图片提供：Studio In2 深活生活设计）

此外，小空间家具可加入延展性的概念，比如可展开桌面的桌子，可以随使用人数来改变桌面大小；套叠式椅子或茶几等，不用时可以收起来，避免空间浪费。

◀开放式厨房前的中岛可以作为餐桌、书桌使用，且岛台上半部还有收纳区，而背面则是客厅电视柜，一体多用，极有效率。（空间设计及图片提供：拾隅空间设计）

▶玄关定制了通高的玄关柜，在柜体中结合了玄关椅的设计，不仅贴心，也避免一入门就见到大量鞋柜而产生压迫感。（空间设计及图片提供：尔声空间设计）

设计原则 4 完美收纳计划，“蜗居”也清爽

好收纳可以说是小户型的救命良方，为了避免日后收纳空间不足而杂乱的情况，事先计划收纳容量非常重要，尤其小户型空间有限，收纳计划必须更加缜密。

首先，收纳空间向上发展是基本原则，这样能充分利用墙面，甚至可以设计柜中柜，用前后排的双层柜来增加收纳量。如果是挑高的户型，则可以考虑高墙式收纳设计，搭配楼梯来规划橱柜，兼顾好收、好拿的需求。其次，收纳也可考虑向下发展的设计，例如沙发、榻榻米及床铺下方都是可利用空间，如果有和室也可将其规划为收纳区。

除了这些可以用的收纳区，还要善用畸零空间，尤其是小户型，因为尺寸有限，更容易在放完家具或橱柜设备之后产生剩余空间，而这些空间难以再做其他大用途，空着又浪费，不如就拿来做缝隙柜，放置一些小物，从而增加收纳量。总之，从大的墙面收纳到小的角落橱柜，都不能放过，当所有物品都能顺利归位，即使小房子也能随时保持清爽样貌。

▲小户型即使是畸零空间也不能浪费，将楼梯台阶设计为抽屉式收纳空间，可以放置换季衣物或杂物。（空间设计及图片提供：构设计）

◀和室空间较小，无法多做收纳设计，但因地板做了架高设计，所以可利用下方空间来设计出抽屉式收纳柜。（空间设计及图片提供：构设计）

▶床铺采用架高设计，架出来的空间是相当值得争取的收纳区域，无论翻开式还是拉屉式设计，都是“无中生有”的优质收纳方法。（空间设计及图片提供：森参设计）

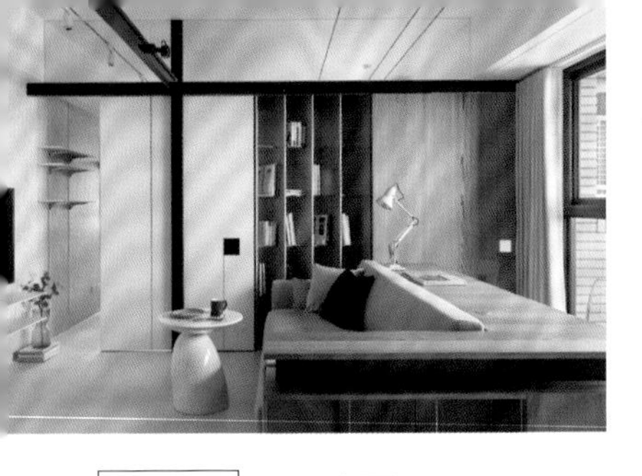

家庭信息 | 家庭成员：2 名大人
面积：48 ㎡

案例

01 通透连贯的回字形动线宅

空间设计及图片提供｜Studio In2 深活生活设计
文｜黄珮瑜

房主需求： 1. 充足又好取用的收纳空间。2. 兼顾隐私性与开放感的空间。3. 顺畅简洁的居家动线。

小户型住宅最怕空间浪费，该设计刻意将所有功能性区域集中在一起，通过拆除非承重墙，将两间卧室及客厅串联起来。如此一来，客厅与卧室便拥有连续不断的回字形动线，充分利用了过道面积；重新配置的一大一小两个房间，在拉门打开时可以形成更开阔的空间感，拉门关闭后又能确保各自的独立性。沙发与书桌结合的定制家具，搭配开放式层架，不仅让收纳变得好拿好收，还能成为公共区独树一帜的装饰。

改造前

采光受阻且立面切分零散

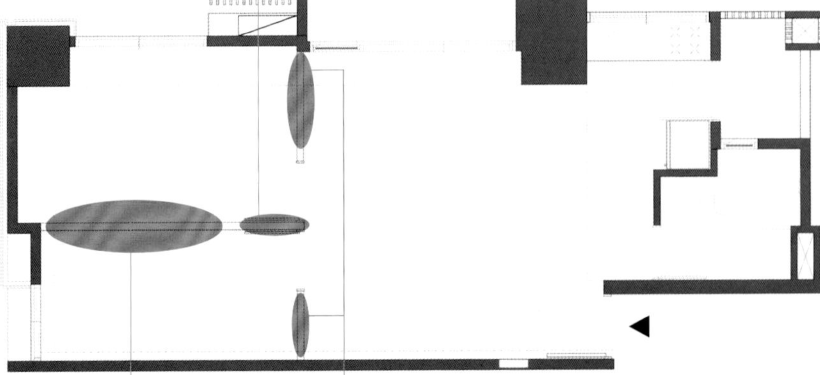

● **立面区块小且分散**
客厅的大窗虽然采光充足，却导致立面区块分散，不利于收纳柜体的规划。

● **实墙阻光，导致空间封闭**
实墙隔间让空间变得局促，且无法依照需求调整应用，灵活性不足。

● **隔墙多，削弱空间优势**
隔墙使公私区域的采光无法相互借用，削弱了空间的开阔感及明亮度。

改造后

用双入口与推拉门打造回字形动线

●以斜墙满足复合功能

公共区斜向配置了六道宽度 20 cm、深度 28 cm 的窄长型书架，既可以满足收纳与隔断的需求，同时还能借助柜体内衬的镜面引入窗景，让绿意内外辉映，达到一物多用的效果。

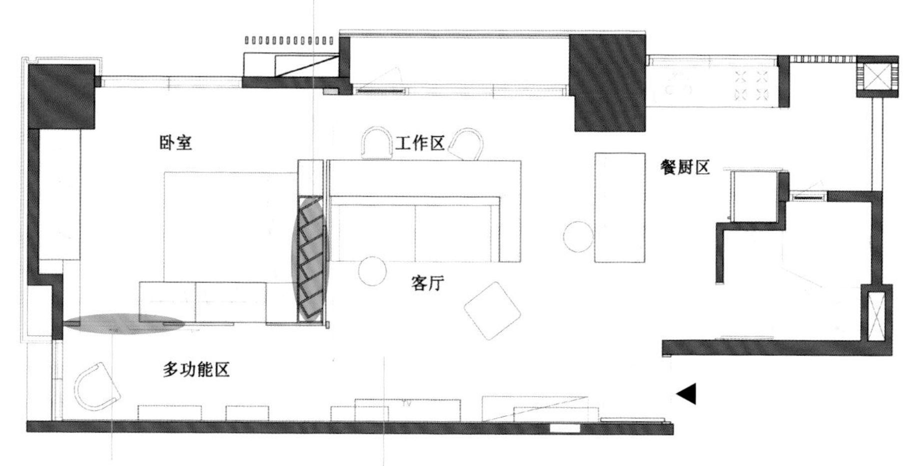

●用拉门灵活调度空间

将相邻两房的隔墙拆除，改为主卧与多功能区，不但能因双开口设计让采光倍增、动线通畅，活动拉门的设计也有助于切换氛围，满足多元情境的需求。

●双入口使动线更流畅

将原本紧邻的主、次卧入口分立两侧，争取到更完整的立面使用区块，同时通过回字形动线的铺陈，使公、私区域更紧密地串联在一起。

左 | 中 | 右

（左）具备复合功能的斜向书墙，不但强化了空间感，也令内外景致交融。（中）和（右）通过滑轨推拉门可以轻松切换空间氛围，也让整体动线更加通顺，采光更明亮。

家庭信息 | 家庭成员：2 名大人
面积：66 ㎡

案例 02

设计双向出入口，小空间也能有自由动线

文—陈佳歆
空间设计及图片提供—璞沃设计

房主需求： 1. 虽是小户型，但仍希望保留 3 房 2 卫的空间格局。2. 希望能有开放式厨房与中岛。3. 希望有一间收纳功能完整的书房。

新婚小夫妻对新居有很多期待，除了希望能有开放式厨房，还希望保有三个房间的空间可以使用。小户型空间规划必须善用重叠式格局及通透的设计来放大视觉感，因此在厨房横向置入中岛，并结合吧台设计，放大使用范围，让动线变得更理想顺畅。同时将邻近主卧的次卧重新规划，赋予空间多重功能，不但增加了衣帽间，还将书房地面架高，用上掀层板隐藏收纳空间，接着在两端分别规划出入口，从公共区域到私密领域，形成一个环状动线，为小空间增添了生活趣味性。

隔间过多，局限空间使用功能

改造后

重整动线，创造空间更多可能性

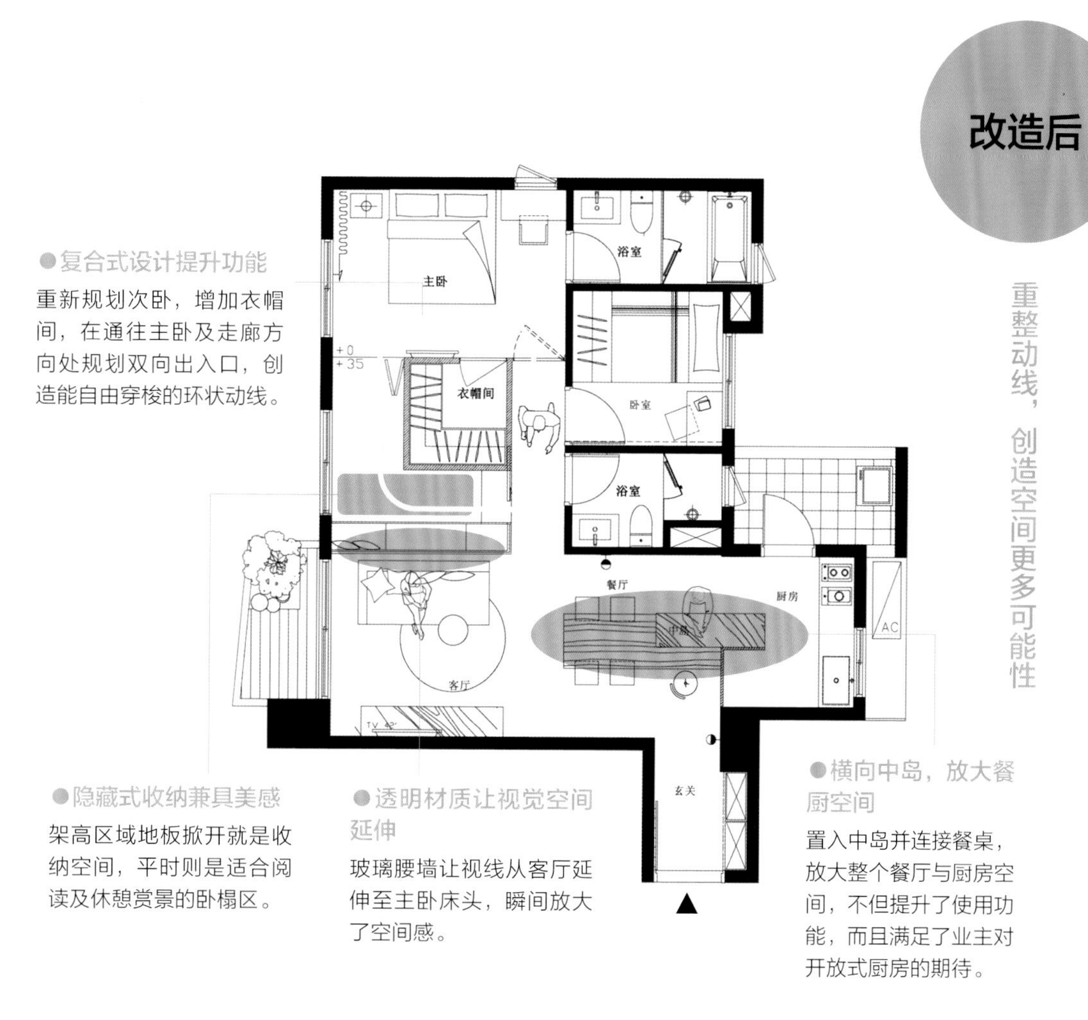

●复合式设计提升功能

重新规划次卧，增加衣帽间，在通往主卧及走廊方向处规划双向出入口，创造能自由穿梭的环状动线。

●隐藏式收纳兼具美感

架高区域地板掀开就是收纳空间，平时则是适合阅读及休憩赏景的卧榻区。

●透明材质让视觉空间延伸

玻璃腰墙让视线从客厅延伸至主卧床头，瞬间放大了空间感。

●横向中岛，放大餐厨空间

置入中岛并连接餐桌，放大整个餐厅与厨房空间，不但提升了使用功能，而且满足了业主对开放式厨房的期待。

左 | 中 | 右

（左）白色石纹中岛与木餐桌无缝衔接，横向设计将使用范围放大，同时在入口处也形成一个玄关。（中）客厅沙发背景墙部分用玻璃取代实墙，带来轻盈宽阔的空间视觉感。（右）卧室玻璃折门出入口连接书房，左侧紧接衣帽室，让主卧空间使用更便利，不受空间尺度限制。

家庭信息 | 家庭成员：2 名大人 + 1 名小孩
面积：59 ㎡

案例 03

厨房移出角落，成为空间重心

空间设计及图片提供—尔声空间设计
文—喃喃

房主需求：1. 厨房不要设置在角落。**2.** 卫浴间过于狭小，希望可以扩大一点。**3.** 加强儿童房的采光。

房主夫妻两人平时喜欢烹饪、烘焙，厨房位于角落且空间狭小，无法满足房主喜欢招待朋友的生活模式。另外，次卧因采光不足而显得有些阴暗。在两房格局不做变动的前提下，设计师选择重整厨房和卫浴两个空间，先将卫浴转向，并外推隔墙，扩大空间，解决面积小又难用的问题；厨房则是将灶台、吧台、橱柜分散规划，巧妙地重叠使用过道空间，形成一个餐厨区域，不但功能没有打折，而且因两人可分开作业，令空间使用起来更有余裕。吧台、用餐区、客厅也被串联成公共领域，维持空间开阔感的同时，也增强了互动性，让房主在烹饪时，可以轻松与朋友聊天互动。

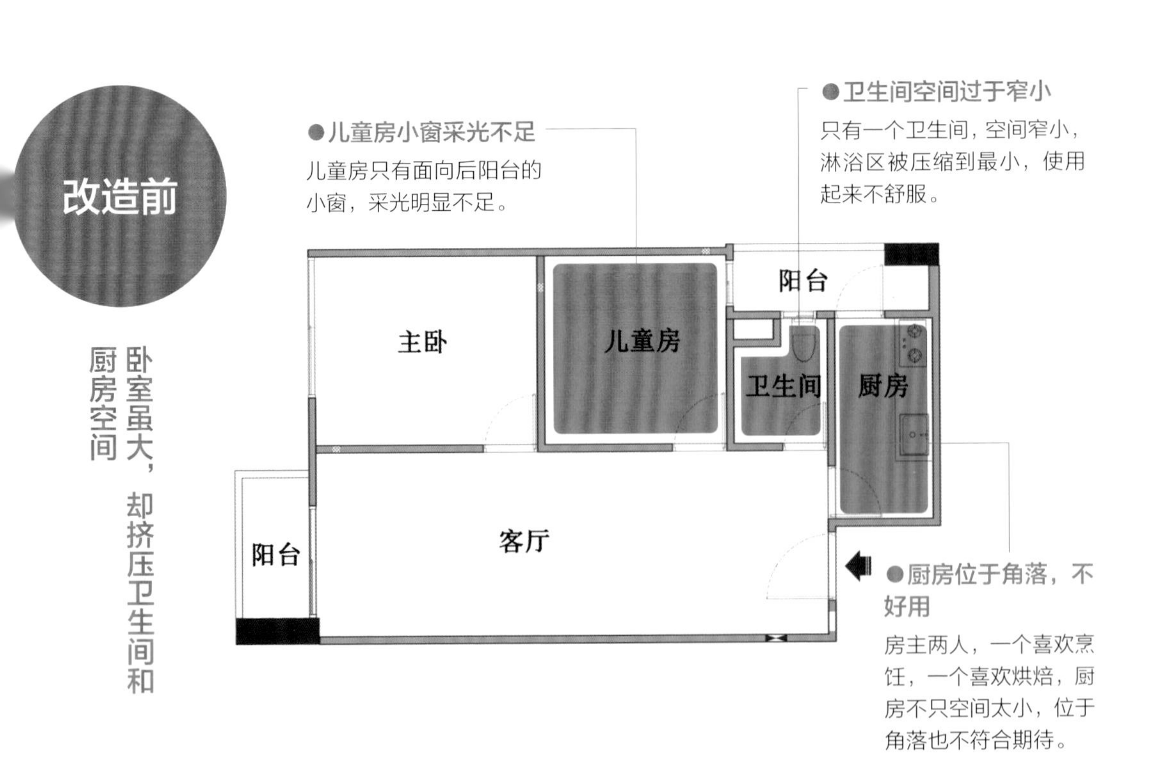

改造后

卫生间、厨房重整，更符合生活模式

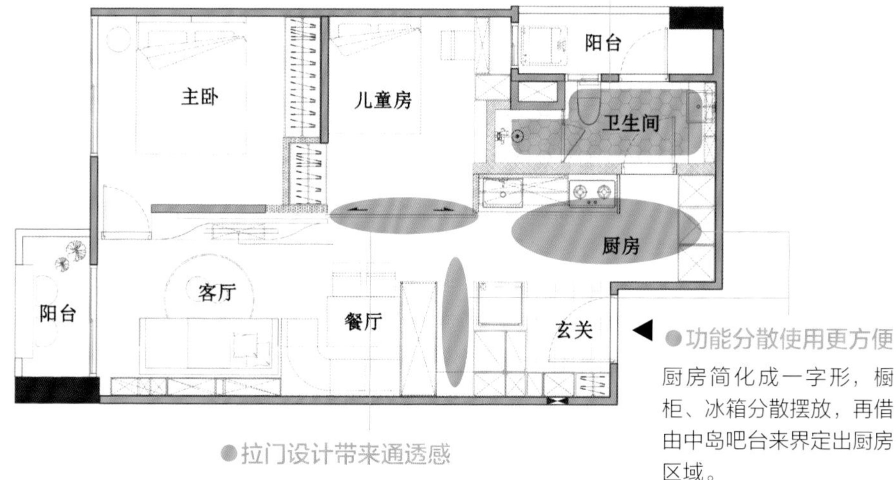

卫生间往厨房外推，扩大空间

卫生间扭转方向，使用原来厨房的部分空间，扩大了面积，使用起来更舒适且有余裕。

功能分散使用更方便

厨房简化成一字形，橱柜、冰箱分散摆放，再借由中岛吧台来界定出厨房区域。

拉门设计带来通透感

儿童房拆除隔墙，用透光的玻璃拉门取代，可以汲取更多光线，改善采光不足的问题。

（左）餐厅座椅采用卡座设计，节省空间，还能供更多人使用。（上）灶台和吧台分开规划，有利于两人同时进行烹饪和烘焙，且不会影响彼此互动。（下）用玻璃拉门取代隔墙，来加强空间采光，采用视线不易穿透的长虹玻璃，保证私密性。

家庭信息 | 家庭成员：2 名大人 + 2 名小孩
面积：53 ㎡

案例

04 用短墙划分功能，维持小空间开放感

空间设计及图片提供｜森参设计
文｜喃喃

房主需求： 1. 希望主卧增加实用的更衣间。2. 生活空间稍做间隔，但维持一定开阔感。3. 改善客卫空间，减少狭窄局促感。

这栋约有三十年的老房子，原始格局问题不大，但客厅、餐厅和厨房毫无间隔，看似开阔，实际上却使用不便，尤其厨房油烟飘散问题也有待解决。为了保留采光条件与空间开阔感，以一道高 150 cm 的矮墙间隔出客厅与餐厨两个区域，可适度遮挡厨房油烟，同时还具有电视墙、留言板的双重功能，且不影响采光。沙发背景墙过短，不易安排家具，因此将卫浴空间略为内缩，从而延伸出墙面，让小空间完美摆下三人沙发，无须再增加坐具，因此可以呈现出干净、宽敞的空间感。

改造前

碍于厨房油烟、采光问题，大空间不好做规划

改造后

半开放设计，解决采光、厨房油烟的问题

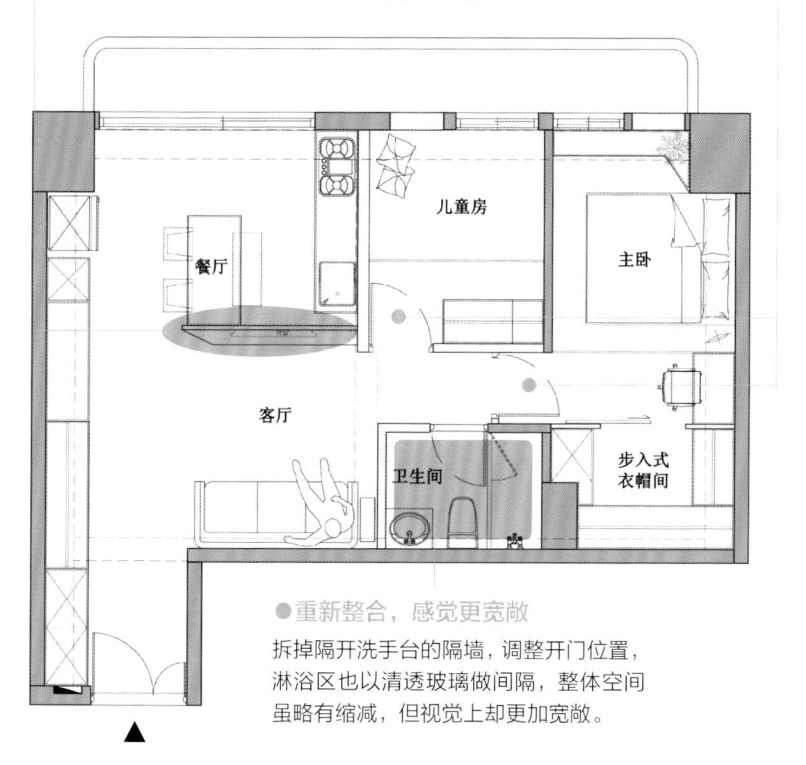

左 | 中 | 右

（左）和（中）在进门左侧梁柱下安排整面收纳柜，后段靠近厨房的部分规划有平台可供使用，补足厨房使用功能。（右）利用矮墙构建半开放式格局，使空间既具备各自的功能，又能保有开阔与良好的采光条件。

家庭信息 | 家庭成员：2 名大人
面积：43 ㎡

案例

05 透明材质引光，化解空间封闭、阴暗问题

空间设计及图片提供｜拾隅空间设计
文｜喃喃

房主需求： 1. 增加公共区域采光。2. 希望可以隔成两个房间。3. 想要保留空间原有的开阔感。

只有单面采光的空间，如果用实墙隔断，距离采光面较远的空间容易变得阴暗。因此，在房主需要隔出两个房间的前提下，设计师选择用玻璃拉门取代隔墙，达到引入光线的目的；由于长虹玻璃材质兼顾私密性，因而刻意采用大尺寸的两片式滑门，从而避免线条分割，造成视线干扰。客厅、餐厅、厨房等公共区域采用开放式设计，维持小户型空间的开阔感。功能不足的厨房，用横向扩增的收纳柜与新增的中岛来完备功能，另外中岛延伸出的餐桌，让房主可以坐下来，惬意地享受用餐时光。

改造前

单面采光，怎么隔都会有区域变阴暗

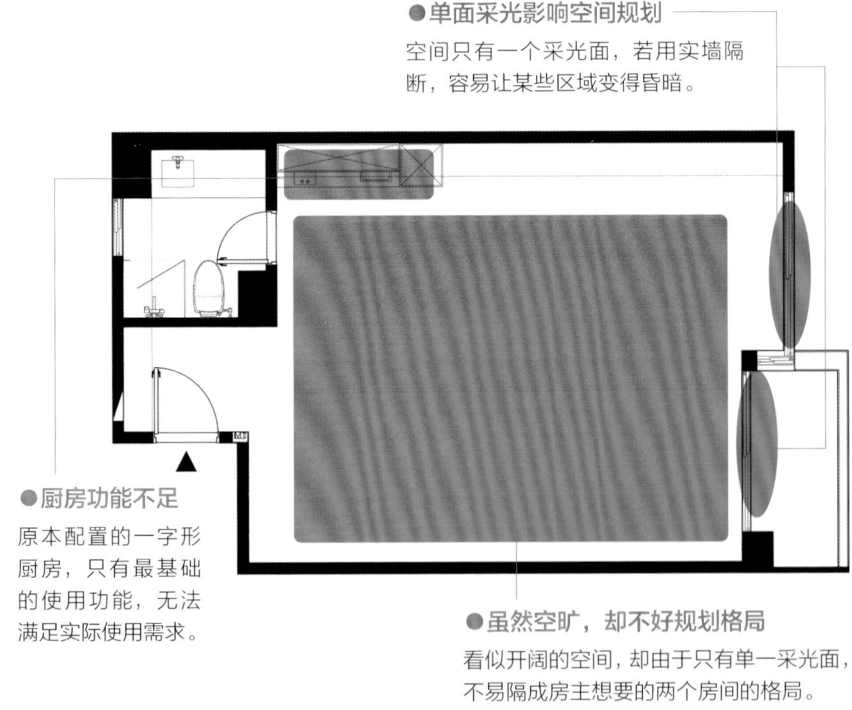

●**单面采光影响空间规划**
空间只有一个采光面，若用实墙隔断，容易让某些区域变得昏暗。

●**厨房功能不足**
原本配置的一字形厨房，只有最基础的使用功能，无法满足实际使用需求。

●**虽然空旷，却不好规划格局**
看似开阔的空间，却由于只有单一采光面，不易隔成房主想要的两个房间的格局。

改造后

弹性拉门解决隔墙、采光问题

●完备厨房功能，使用更顺手

灶台所在墙面向右延伸，增加橱柜做收纳，并增加中岛来扩充使用台面。

●用玻璃拉门引入光线

用玻璃拉门取代实墙隔间，将光线引到深处，让客厅、餐厅、厨房都能有充足采光。

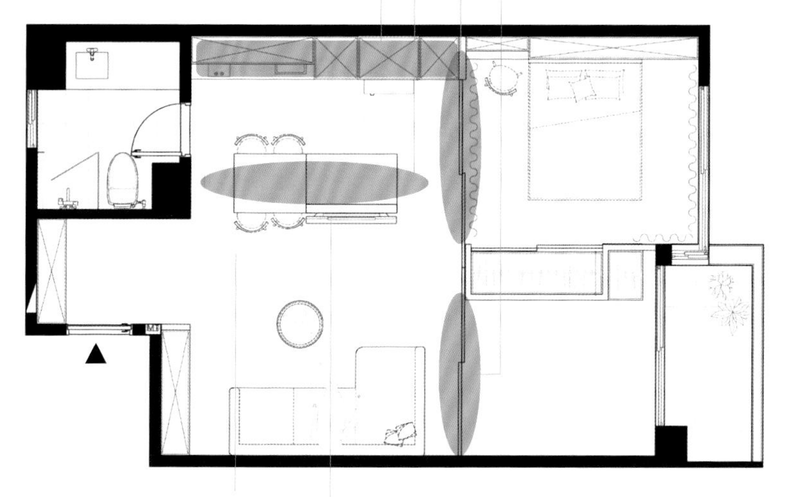

●居中摆放，不妨碍动线

由于两侧皆为出入动线，因此中岛、餐桌居中摆放，形成顺畅的回字动线。

●功能结合，兼顾多重需求

电视墙结合中岛、餐桌功能，不只兼顾到多重需求，半高的电视墙也可维持小空间开阔感。

▶中岛不只增加了厨房使用台面，更利用电视墙多出来的高度，规划出可收纳小家电与厨房小物的收纳空间。

◀通顶高柜皆靠墙设计，电视墙则采用半墙设计，借此满足收纳需求，又能维持公共区域的宽敞明亮感。

家庭信息 | 家庭成员：2 名大人
面积：66 ㎡

案例

06 内缩手法 放大 LOFT 空间感

空间设计及图片提供｜Studio In2 深活生活设计
文｜黄珮瑜

房主需求： 1. 功能一应俱全，且方便使用。2. 空间明亮舒适，不狭窄局促。3. 保留情境变化应用的弹性。

原格局是 3 房 1 厅 1 卫的 LOFT，虽因挑高 4.2 m，空间不会显得压迫，但因为隔间太多，不免有种缚手缚脚的局促感。下层区域借由拆除卧室实墙来打开空间，此举不仅使采光变得充沛，也让卫浴面积得以扩大，客厅、餐厅、厨房的衔接也更紧密。而刻意拉高的墙板与电视柜，有助于打破视觉比例，增添趣味感。上层同样通过截短与退缩墙面的手法来调整动线与采光，而廊道的增加也强化了区域内外划分，让设计层次更加丰富。

改造前

隔间多，区块小，空间局促

● **实墙弹性低，又挡光**
实墙隔断在间隔空间的同时，也使得公共区域的连接性变弱，还阻挡了光线。

● **实墙隔断令空间闭塞、阴暗**
上层几乎被两间卧室占满，实墙导致空间光线阴暗，使用的灵活性也较差。

下层

上层

● **卫浴区面积小又封闭**
卫浴区虽有小窗通风，但因面积小又封闭，导致日常使用的舒适感与便利性不足。

改造后

借由拉门与廊道调整采光

●以退为进，放大舒适感

将下层隔墙拆除，改以活动拉门替代，通过缩小卧室面积，让餐厨与客厅的衔接更紧密。同时，将上层主卧墙面内缩，争取出一个廊道，使功能配比更精确，也解决了上层阴暗的问题。

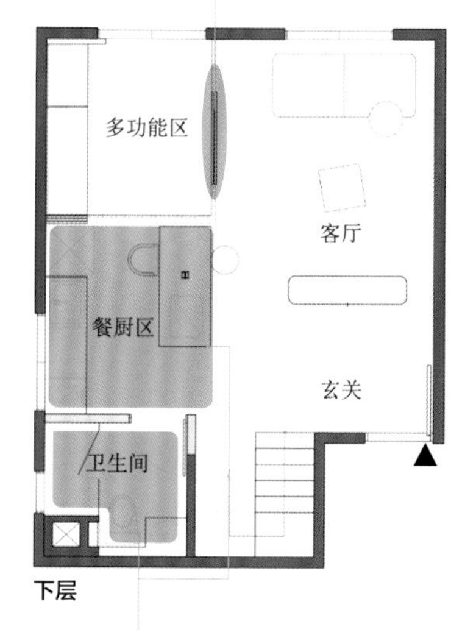

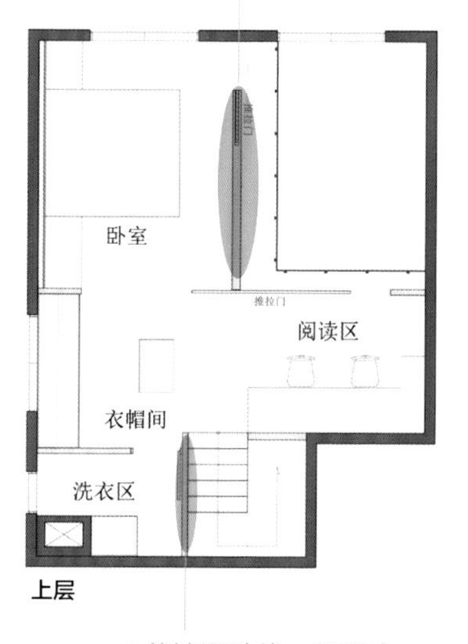

●缩减卧室，让功能更合理

因为卧室面积缩减，卫浴墙面得以向前推移，增加了使用面积。厨房大小虽然跟原先差不多，但因位置更靠近客厅，又有中岛、吧台提升餐厨功能，在使用上更方便。

●截墙顺动线，保采光

将靠近楼梯口的墙面截短，同时又使主卧墙面向内退缩，从而新增了廊道；一来动线整齐，可以通过推拉门确保上层采光，二来将外部空间整合成书房与衣帽间，避免了走廊空间的浪费。

左 | 中 | 右

（左）内缩的设计手法，让上下层空间都变得明亮，也更开阔、灵活。
（中）通过缩小卧室空间，让卫浴与餐厨区功能性与舒适度大幅提升。
（右）通过截短墙面，使上层变成一个动线整齐、功能齐全的超大主卧。

家庭信息 | 家庭成员：2 名大人
面积：40 ㎡

案例

07 多变门板设计，赋予空间更多变化

空间设计及图片提供—构设计
文—喃喃

房主需求：1. 希望有开放空间。2. 要有一个可用餐的正式餐桌。3. 想要预留一间儿童房。

虽然空间只有 40 m^2，但房主希望有开阔的空间感，也想有良好的采光。面对单面采光的条件，设计师以弹性的门板设计来应对需求。首先将挡住全屋光线的次卧隔墙拆除一半，用推拉门取代，房主可依使用状态，选择打开或关闭推拉门。打开推拉门，可享受开阔的空间感和良好的通风与采光；关上推拉门，可保障房间私密性。次卧则以架高和室与旋转门板，来创造空间弹性，满足书房、儿童房的双重需求。再根据使用习惯，撤除主卧原先小又难用的衣帽间，并沿墙边角落规划收纳柜，合理收纳的同时还能精简动线，制造出清爽开阔的视觉效果。

隔墙挡住采光，空间阴暗又狭窄

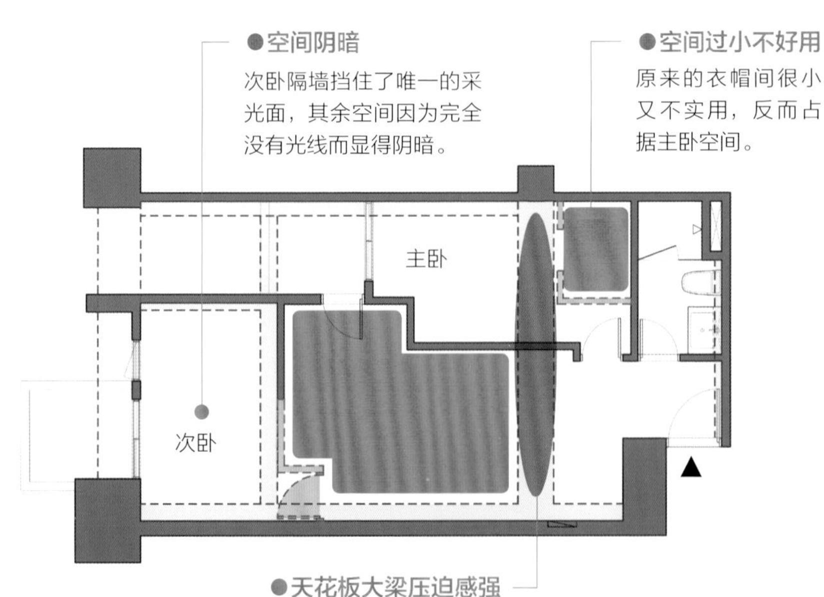

改造后

善用门板的灵活特性，完美化解空间局促感

●斜角设计转移焦点

采用斜屋顶设计，让梁柱成为天花板设计的一部分，并配置间接照明，引导视线，淡化梁柱存在感。

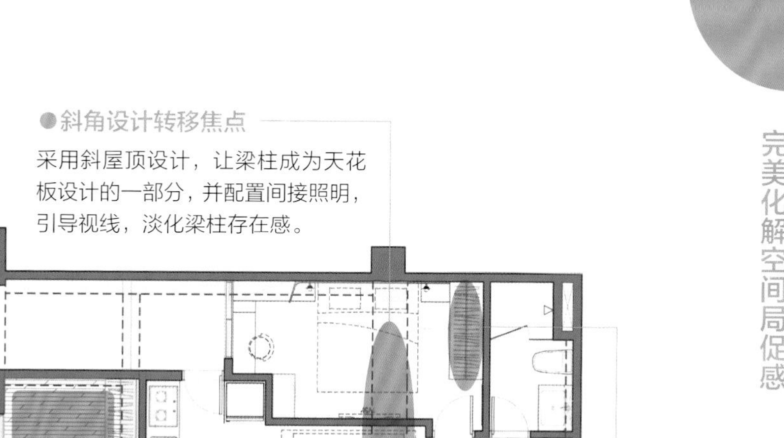

●架高和室变身多功能房

架高和室，将空间一分为二，并用旋转门板让和室与书房选择各自独立，抑或合并成一个大空间。

●推拉门改善空间采光

拆除卧室部分隔墙，以推拉门取代，光线因此不受阻碍，而关上推拉门时，则能满足隐私需求。

●更实用的衣橱

用收纳量充足的衣橱整合收纳需求，给空间制造更多留白，让主卧呈现大于实际面积的开阔效果。

左｜中｜右

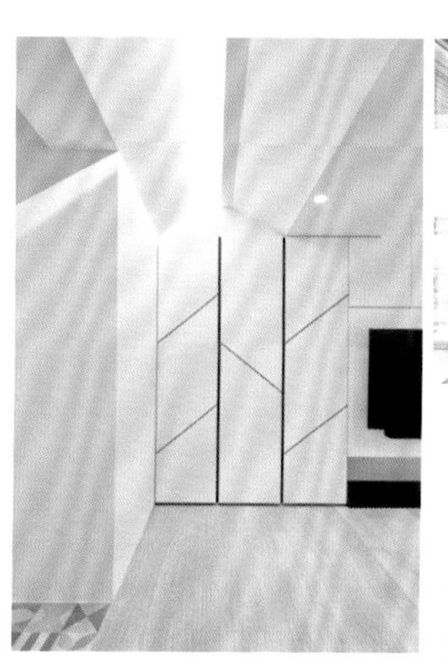

（左）在天花大梁安排间接照明，达到引导视线、淡化梁柱存在感的目的。（中）旋转门板采用双色设计，可依喜好转成白色或黄绿色，也可全部收起，形成全然开放的空间。（右）推拉门收进墙里时，空间会变得更开阔，没有小面积的局促感，采光、通风也获得改善。

家庭信息 | 家庭成员：2 名大人
面积：50 ㎡

案例

08 一道斜面墙，为小空间创造更多可能性

空间设计及图片提供｜寓子设计
文｜喃喃

房主需求： 1. 增加收纳空间。2. 卫生间要放下浴缸。3. 有大量衣物需要收纳。

只有 50 m² 大小的房子，没有隔间，少了私人空间的私密性，而且空间看起来过于方正，有许多无法完全利用的空间。为了让空间可以得到有效利用，设计师以一道对角斜面墙，区分出公私领域，把主卧移至无法从入口直视的位置，借此提高卧室私密性；接着经由内缩、外推等手法，创造出新阳台和足以放下浴缸的卫浴空间，而原来的阳台则被并入主卧，成为收纳量超大的衣帽间。公共领域隐私需求低，因此规划在靠近入口的位置，并采用开放式格局，避免隔墙影响采光，达到满足空间互动需求与视野开阔的目的。

改造前

没有隔间，一进门就一眼望穿，缺乏私密性

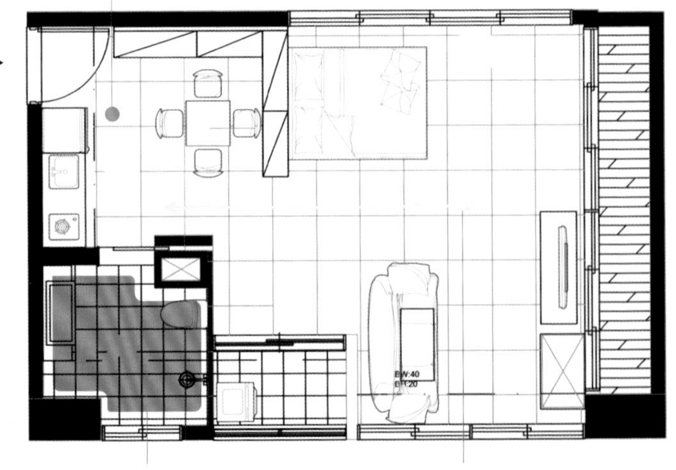

入口拥挤，出入不方便
入口处规划了厨房和用餐区，显得相当拥挤，出入也不方便。

卫浴空间窄小，只能规划淋浴区
原来的卫浴空间面积很小，只能规划淋浴区，无法放下房主期待的浴缸。

行经动线造成空间浪费
由于要留出行走动线，因此过道空间不好利用，有些浪费。

改造后

用一道斜面，解决格局分配难题

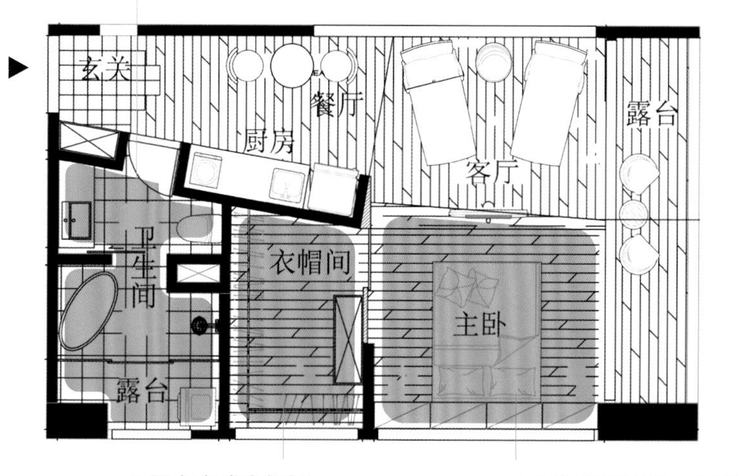

●阳台、卫浴整合，使用更便利

将露台与卫浴空间重新整合，不只能避免产生畸零空间，使用动线也更加合理。

●阳台变成衣帽间

将原来阳台的隔墙再外推一些，规划成可以收纳房主大量衣物的衣帽间。

●主卧位置改变，多了私密感

将主卧位置做了变动，避免一进门就看见卧室，让空间多了一点私密感。

（左）将厨房规划在斜面上，可有效节省空间，而拉长入口的距离，也能避免出入户门与使用厨房挤在一起，造成玄关处拥挤。（中）由于层高有 3.4 m，因此即便主卧以架高方式与客厅做出分界，也不会让人有压迫感。（右）利用层高优势，在厨房上方规划出收纳空间，梯子选用黄色，巧妙地成为空间亮点。

家庭信息 | 家庭成员：2 名大人 + 2 名小孩
面积：66 ㎡

案例

09 四口小家微调格局，弹性加一房，住 15 年也够用

空间设计及图片提供｜十一日晴空间设计
文｜Ruby

房主需求： 1. 目前仅需两个房间，但希望能增加独立的一个房间，以便日后使用。2. 房主喜爱料理与烘焙，想要大一点的厨房空间。3. 能接受一间卫浴，但需要多一点收纳空间。

大城市里“居大不易”，夫妻俩辛苦存钱买下第一套属于自己的房子，希望这个家能住到孩子长大也没问题，同时女主人非常热衷于料理、烘焙，期望 66 m² 的空间能够满足她对功能方面的所有需求。于是设计师将客厅旁的隔间予以开放，现阶段用作餐厅和阅读空间，未来只要加上轻隔断，就能成为孩子长大后的独立卧房。除此之外，卸下另一侧的柜体，并挪移灶具、水槽的位置，同时把一字形厨房换成 U 形厨房，强化功能之外，也让视野变得更开阔。

改造前

隔间封闭，空间闭塞

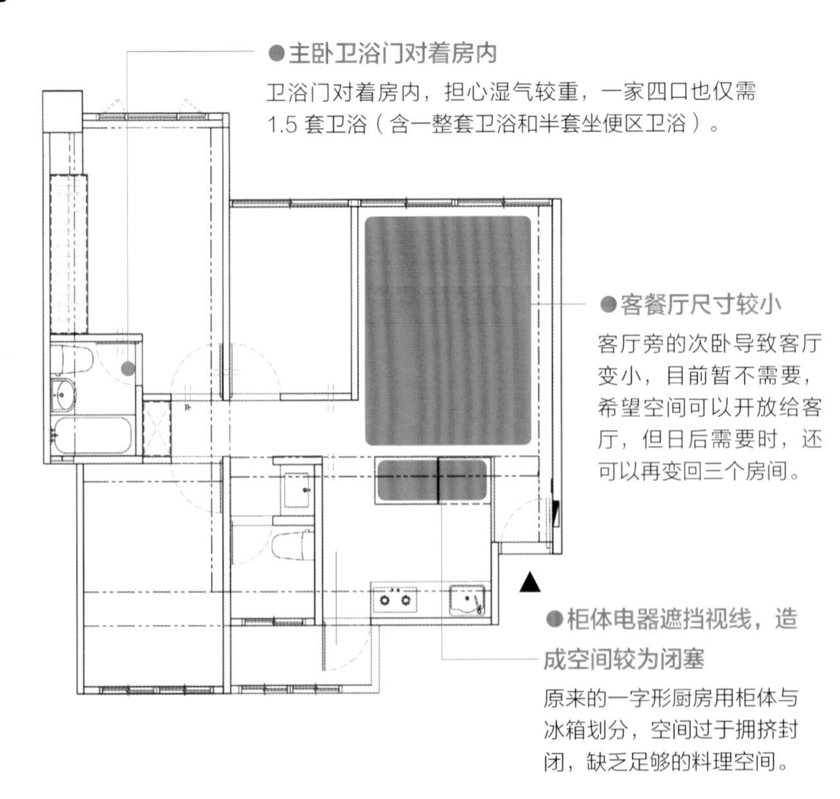

●主卧卫浴门对着房内

卫浴门对着房内，担心湿气较重，一家四口也仅需 1.5 套卫浴（含一整套卫浴和半套坐便区卫浴）。

●客餐厅尺寸较小

客厅旁的次卧导致客厅变小，目前暂不需要，希望空间可以开放给客厅，但日后需要时，还可以再变回三个房间。

●柜体电器遮挡视线，造成空间较为闭塞

原来的一字形厨房用柜体与冰箱划分，空间过于拥挤封闭，缺乏足够的料理空间。

改造后

舍弃隔间，换取通透感

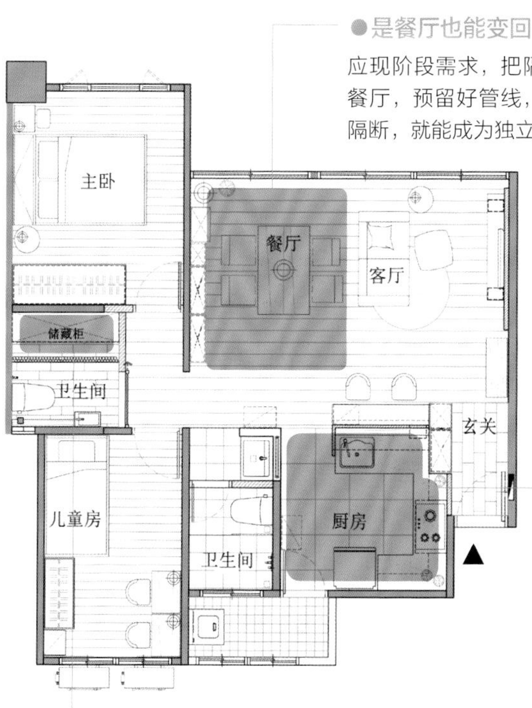

●是餐厅也能变回一个房间的设计

应现阶段需求，把隔间取消，规划为餐厅，预留好管线，未来只要加上轻隔断，就能成为独立的一个房间。

●拆柜体，创造 U 形厨房

取消柜体，挪动冰箱位置，扩大成 U 形厨房，水槽面向客厅，让视野开阔，可进行亲子互动。

●缩减卫浴，增加储藏室

将主卧卫浴入口转向客厅，保留干区如厕功能，湿区规划成储藏室，用帘幔间隔开来。

左｜中｜右

（左） 现阶段的餐厅以活动家具为主，等孩子长大需要独立空间的时候，可利用轻隔断将这里变更为一个房间，空调管线与开关已做好预留规划。（中） U 形厨房一侧增加中岛吧台，若日后多加一个房间，可拆除中岛桌面，避免空间给人以压迫感。（右） 原来的洗手台虽独立在外，但是采用顶天立地的高墙设计会阻碍视野，缩减为半墙后，增强了延伸感，有开阔视野的效果。

家庭信息 | 家庭成员：1 名大人
面积：53 ㎡

案例

10 拆墙整合，引光破暗，发挥空间优势

空间设计及图片提供｜Studio In2 深活生活设计
文｜黄珮瑜

房主需求： 1. 功能齐全，但视觉上要简单清爽。2. 保留弹性，以满足不同情境需求。3. 餐厨合一，烹饪用餐不需两头跑。

原格局是 2 房 1 厅 1 卫，卧室有两扇采光窗，导致客厅、餐厅显得阴暗。因此先将位居后段的厨房整合至前方，使日常使用更加方便，也顺势让公共区域立面更简洁流畅。接着将划分两间卧室的墙面拆除，改以三片 80 cm 宽的活动拉门取代。如此一来，不仅主卧面积大幅增加，次卧也保留了机动性。且因进房入口变动，搭配了透光飘板（编者注：一种悬挑的板，即挑板），让原本被墙面阻隔的光线能照进屋内，一举消弭了昏暗之感，令空间变身为清爽迷人的功能小宅。

改造前

隔间阻光，功能区窄迫分散

阳台
厨房
卧室
卧室
阳台
餐厅
客厅

●隔墙让两个房间变小
两间卧室面积都不大，摆放家具后就更显拥挤，缺乏应用上的灵活性。

●封闭又窄迫
封闭式厨房位居屋后，有压迫感，且与餐厅有距离，动线与功能不够顺畅。

●实墙挡光，空间昏暗
隔墙挡住房内采光，导致中央区域特别昏暗。

拆实墙、整动线，以拉门调整弹性

●借助拉门增强空间灵活性

拆除两房之间的实墙，强化开阔感，借由三片拉门的开阖保持应用弹性。暗藏的镜面不仅能延展景深，也满足穿搭时的实用需求。

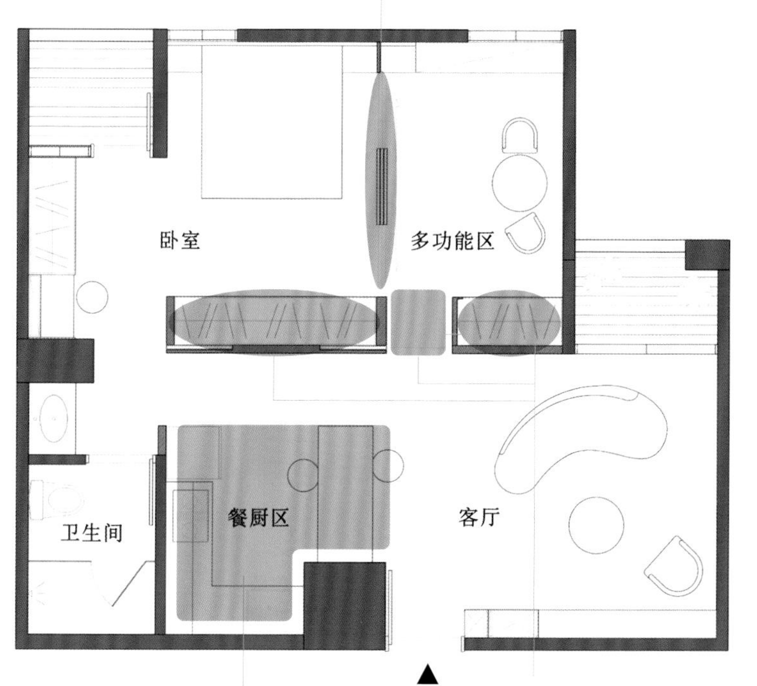

●餐厨合一更便利

将原位于后方的封闭式厨房调整至前端，并改为开放式，调整后既可破除狭窄压迫感，新增的吧台也能兼顾区域分界及餐桌功能。

●引光破暗并创造记忆亮点

采光受阻的问题，通过调整房门入口位置及隔墙上方的黑色飘板引光入内来化解，同时借由线条的连续性，构筑出专属的空间印记。

左 | 上 / 下

（左）借由调整入口位置与飘板设计强化采光与美观性。（上）将厨房挪移向前，并以小吧台满足复合功能，让整体动线更加顺畅。（下）活动拉门搭配镜面，让空间情绪变丰富，使用上更随心所欲。

家庭信息 | 家庭成员：2 名大人 + 1 只狗
面积：66 ㎡

案例

11 拆除夹层，还原挑高开敞无拘小宅

空间设计及图片提供｜里心设计
文｜喃喃

房主需求： 1. 希望可以改善因夹层带来的压迫感。2. 只需一个房间，不用规划过多房间。3. 重新规划原先有些不合理的格局动线。

层高 4 m，原房主将夹层几乎做满，可使用空间虽然变多了，但因空间高度被压缩，让人感到很压抑。由于新房主家中只有夫妻两人和一只狗，在只有一个房间的需求下，设计师拆除部分夹层，释放原有的高度优势，让整个空间更舒适、开阔；接着，确定楼梯位置，梳理出更合理、流畅的生活动线；因夹层产生的不可避免的压迫感，则以镂空扶手、玻璃隔墙等具有视线穿透效果的设计来延伸视野，制造空间放大的效果；最后再辅以工业感的材质加以点缀，成功打造出房主期待的精致工业风住宅。

改造前

夹层面积过大，层高过低，感觉很压抑

●夹层使用深色橱柜，显得太沉重

厨房位在夹层下方，做了很多柜体，让空间看起来十分沉重，台面也太小不够用。

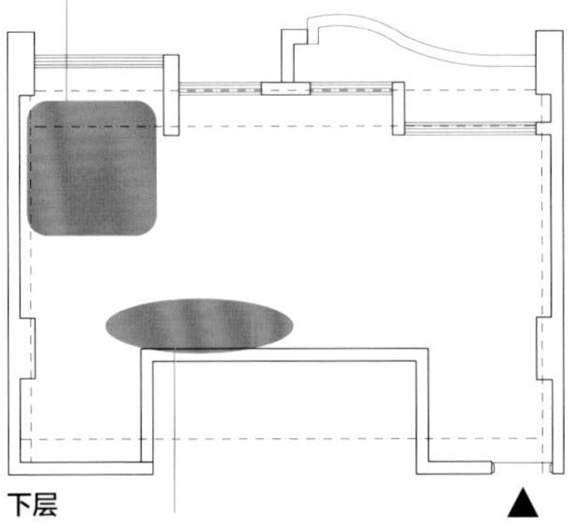

●楼梯封闭，且有压迫感

原始楼梯两侧皆为墙面，为封闭空间，整体空间都让人感觉有些压抑。

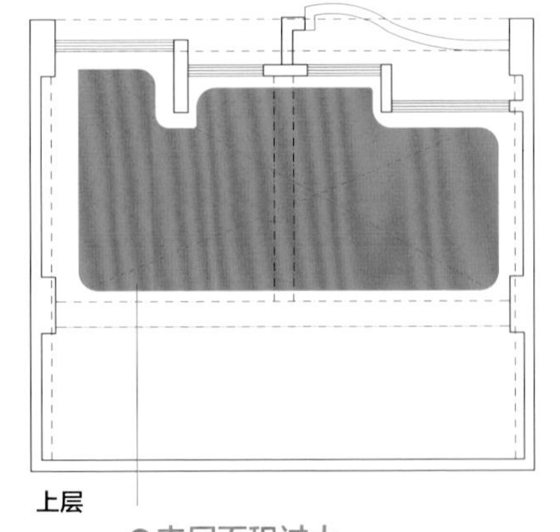

●夹层面积过大

夹层几乎做满，下层层高被压缩，上层层高也略有不足。

改造后

合理运用夹层，空间变得挑高又明亮

●裸露板材，争取净高

为厨房争取更多高度，天花板刻意不做封板，而是直接裸露板材和不锈钢管。

●制造通透感，减少夹层压迫

用镂空书架和玻璃隔墙制造通透感和延伸效果，减少空间压迫感。

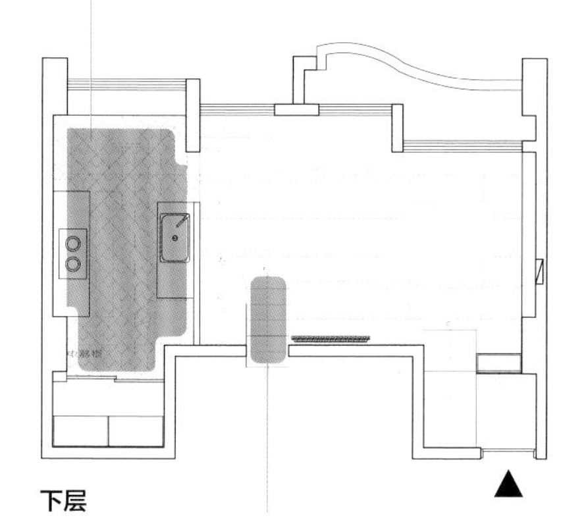

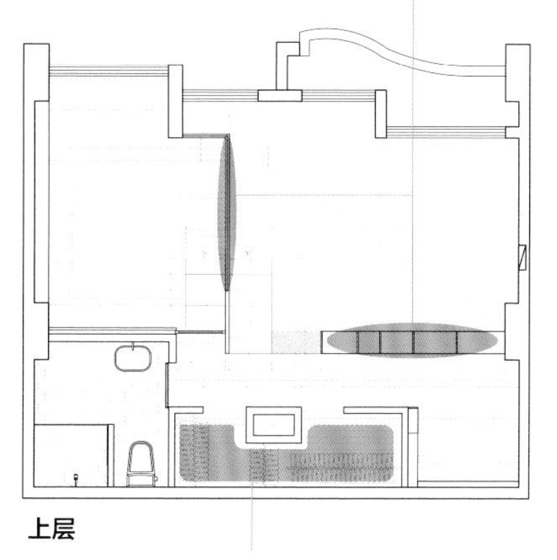

●镂空设计增强空间通透感

拆除两侧实墙，楼梯改为单边扶手设计，极简线条在视觉上更利落，镂空设计也能达到延伸、开阔视野的效果。

●夹层减少，却多了衣帽间

房主仅需一间卧房，拆除夹层后剩余的空间，规划成衣帽间。

左 | 中 | 右

（左）原来的 L 形厨房改为一字形，另一侧设置中岛来增加料理台面，再借净空墙面，淡化层高产生的压迫感，从而营造出宽敞的空间氛围。（中）减少实墙隔断，搭配通透式设计，让空间摆脱封闭感，展现挑高空间该有的开阔尺度。（右）利用高度落差，巧妙打造玄关和餐厅使用的双面柜，并使用冲孔板来加强通风效果。

家庭信息 | 家庭成员：2 名大人 + 1 名小孩
面积：66 ㎡

案例

12 破除隔墙限制，串起自在生活动线

空间设计及图片提供｜隹设计
文｜喃喃

房主需求： 1. 需要规划书房空间。2. 希望做成两个房间的格局。3. 要有可以晒到阳光的晒衣区。

66 m² 大小的房子，难得隔出三个房间，但制式的隔间布局却让家人缺少了互动。由于房主的实际需求为两间卧室和一间书房，因此调整原有格局，以满足一家人的生活需求。首先，将邻近马路的主卧改成书房，并将隔墙拆除，用滑门取代，使用双开口设计，形成可自由行走的回字动线；主卧则调整至角落位置，外推以争取更多空间，同时把客卫并入主卧，完善空间功能。另一间次卧则定义为多功能空间，采用架高方式来应对使用上的弹性，并用玻璃滑门取代隔墙，引入来自前阳台的光线，化解阴暗，改善采光问题。

改造前

隔间封闭，缺乏互动

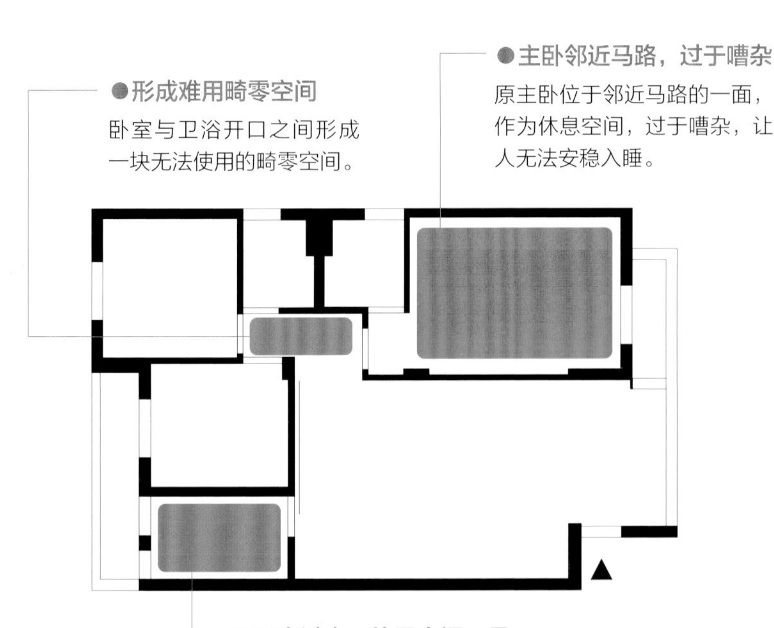

改造后

重新定义空间功能，满足实际需求

●位置对调，享受宁静睡眠

主卧调至原次卧位置，远离噪声，获得宁静睡眠环境，使用外推手段争取空间，规划衣橱，开口处则拉齐墙面，把客卫并入主卧使用。

●双开口设计，创造自由动线

书房采用双开口设计，因此形成灵活的回字动线，让家人可自在走动。

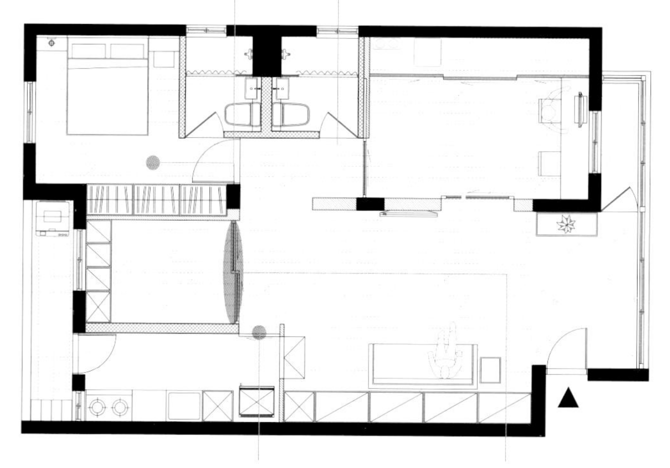

●外推并改变入口，扩增空间

将厨房的一面墙外推，占用部分客厅空间，同时改变入口朝向，借此得到可安装橱柜与台面的完整墙面。

●玻璃拉门汲取光线

位于深处的次卧虽是两面采光，但主要采光全部来自前阳台，因此采用玻璃拉门，使光线可以透过拉门照射进来，从而加强采光。

左 | 中 | 右

（左）次卧采用架高设计，可做卧房，也可用作游戏活动空间，根据实际情况灵活使用。（中）书房拉门贴覆灰镜，方便女房主平时在客厅做瑜伽时，从镜中观察动作。（右）材质选择以自然、简单为主，呼应空间的大量留白设计，整理营造出小户型开阔、无拘的生活氛围。

家庭信息 | 家庭成员：2 名大人
面积：66 ㎡

案例

13 细腻微调，让空间更加舒适

空间设计及图片提供—寓子设计
文—喃喃

房主需求： 1. 改善空间采光。2. 改善卫浴空间的局促现状。3. 原来厨房过于封闭，且功能不足，希望可以改善。

原始格局问题不大，唯一让房主感到困扰的是餐厨空间，封闭式厨房不只无法互动，可使用的台面也不够；而用餐区则由于处在完全没有采光的位置，让人感觉很阴暗。设计师延用原始格局，将挡住用餐区采光的卧室门改成透光性的磨砂拉门，借此引入光线，提升餐厨区的明亮感。另外，拆除厨房隔墙，增加一座中岛，让厨房功能更完善，而用餐区也因此可与厨房形成一个开放的餐厨区，不只有助于家人互动，视野上也更宽敞、明亮。最后再加入清新的绿色和温暖的木质色调，营造出空间的温馨感。

改造前

单面采光，形成阴暗区域

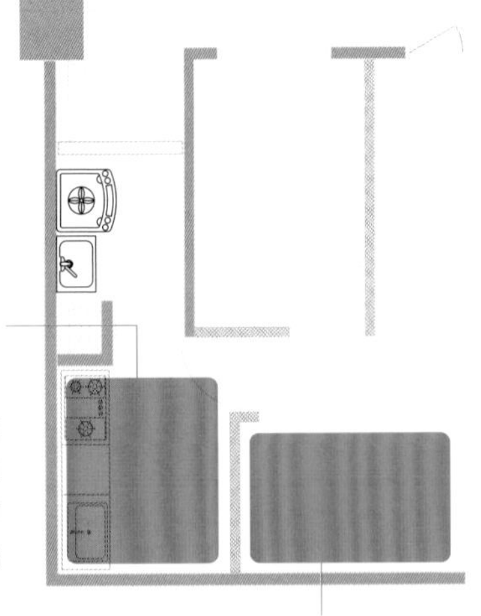

●**厨房空间过小，无法扩充功能**
厨房被局限在角落位置，且因隔墙阻碍，可使用空间有限，厨房功能无法再扩充。

●**缺少采光，用餐区显得阴暗**
刚好被隔墙挡住，因此用餐区完全没有采光，显得相当阴暗，也无法和封闭的厨房互动。

●**空间过于狭窄**
原来卫浴空间虽然设备齐全，但也因此造成空间过于拥挤，而且门离坐便器太近，使用起来很不舒服。

改造后

利用玻璃滑门，引入光线，争取空间

透光材质，引入光线

原始隔墙、门板阻挡光线，改成两片磨砂拉门后，顺利将光线引入，也能兼顾卧室隐私。

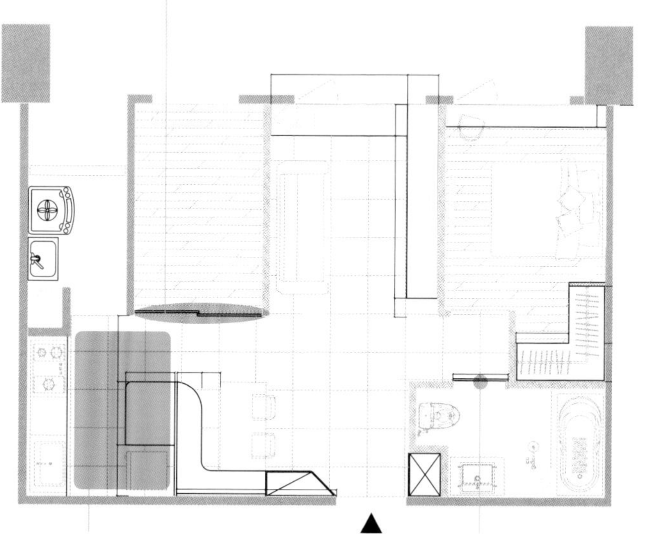

拆除隔墙，增进更多互动

将厨房隔墙拆除，改为有助于互动的开放式格局，同时改善用餐空间位于角落的局促感，另外增设中岛吧台，增加使用台面。

改用滑门，争取更多空间

原来的门需要预留回旋空间，让卫浴显得拥挤，因此改用滑门取代原始的门。

左 | 上 / 下

（左）从中岛延伸出卡座，不只可以增加座位，围坐的样式还可以为餐厅营造一种闲适的氛围。（上）拆除了隔墙，因此冰箱得以有空间摆放，另外还设计了中岛，增加了使用台面。（下）以具有透光性的拉门取代隔墙，成功引入采光面的自然光线，大幅提亮餐厨空间。

案例

14 多一道墙也能享受自然光的明亮小宅

空间设计及图片提供—都市居所
文—王玉瑶

家庭信息 | 家庭成员：1 名大人 + 1 名小孩
面积：66 ㎡

房主需求： 1. 要有两间房。2. 增加室内采光。3. 餐厨采用开放式设计。

这是一套只有一个房间的预售房，但房主需要两个房间，因此一开始就请设计师来规划。原有的一个房间维持不变，在客厅增加一道墙，将其一分为二，划分成次卧和客厅；由于只有单面采光，因此厨房借由拆除隔墙来引入更多光线，并增加一座中岛来与餐厅做串联，还可增加厨房使用台面与收纳。户型小，采光因为隔墙关系也略有不足，设计师便选用染白橡木这类浅色材质，提升空间宽敞明亮感，是房主喜爱的风格格调，最后再搭配灰阶色彩，增加装饰元素，给空间带来令人放松的沉稳与宁静氛围。

改造前

只有一个房间，不符合房主的两房需求

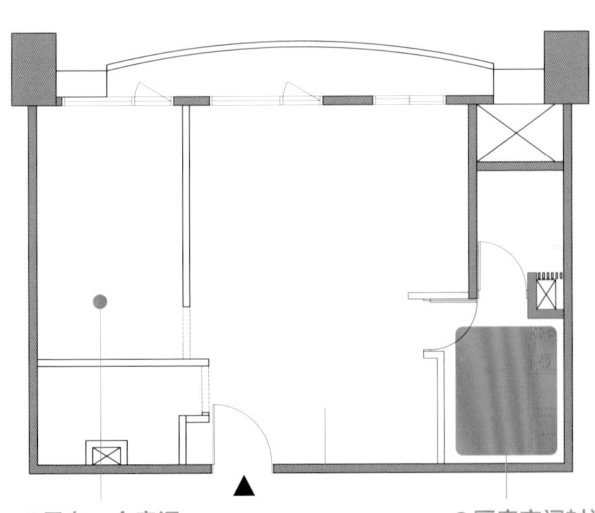

●只有一个房间

原始格局只有一个房间，但主要家庭成员为两位，因此格局上不符合需求。

●厨房空间封闭

厨房为封闭式设计，收纳功能略有不足，而且无法与其他空间互动。

改造后

通过增加隔墙，多了一个房间，改善了采光

● 挪用空间增加一个房间

占用客厅空间，在影响采光最小的前提下，多加一道墙，隔出第二个房间。

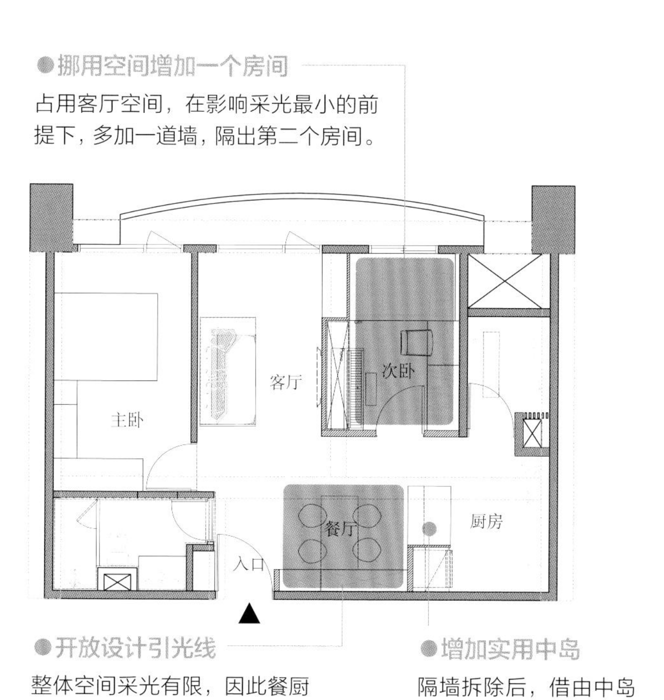

● 开放设计引光线

整体空间采光有限，因此餐厨采用开放式设计，从而大量引入光线，提升空间明亮度。

● 增加实用中岛

隔墙拆除后，借由中岛来增加收纳，可供使用的空间也更富裕。

▶利用墙面的空档打造一道弧形收纳，兼顾收纳的同时，还增添了空间趣味性。

◀拆除隔墙，不但能减少墙面带来的压迫感，而且能让更多光线进入室内，避免餐区阴暗。

家庭信息 | 家庭成员：1 名大人
面积：54.5 ㎡

案例

15 打开隔墙，让光线直达空间深处

空间设计及图片提供—北境空间设计
文—王玉瑶

房主需求： 1. 只需要两个房间。2. 改善中部空间的阴暗问题。3. 增加主卧收纳功能。

在确定房主只需要两个房间后，设计师便将中间的那间房拆除，空间并入主卧和次卧，主卧因此可以增加一个衣帽间，而偏窄长形的次卧，也因并入空间变成较好规划的方正格局。过去因为光线被隔墙挡住，导致客厅完全没有采光，从而显得阴暗。拆除厨房隔墙后，采用开放式设计，再将两个卧室门改为玻璃横拉门，引入来自卧室采光面的光线，借由双重加强采光设计，客厅大大改变了过去昏暗的状况。至于位于末端、光线难以到达的空间，则在中岛下方贴覆茶镜，通过其反射的光线来大幅提升空间明亮感，同时也让视觉感在无形中得到放大。

改造前

隔了太多房间，空间小且难用，还挡住了采光

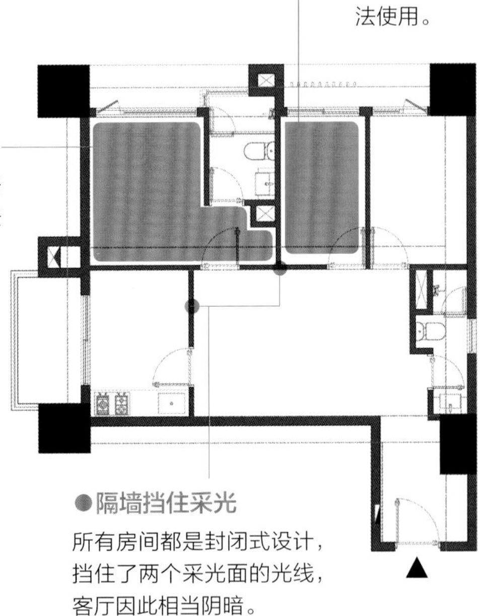

●房间小得无法使用
硬是隔出三个房间，导致其中一个房间小得无法使用。

●主卧偏小，没有收纳
主卧虽比其他两个房间略大，但放入床后，便无法再规划更多收纳空间。

●隔墙挡住采光
所有房间都是封闭式设计，挡住了两个采光面的光线，客厅因此相当阴暗。

改造后

双重引入光线设计，打亮中间阴暗地带

●整合空间，多了收纳

其中一个房间拆除后，适当扩充主卧，便有了足够的空间来规划衣帽间。

●开放式设计，让光线直达客厅

拆除厨房隔墙，让光线可以毫无阻碍地直达客厅。

●改变门片材质，引入光线

另一主要采光面在卧室里，因此将原来的不透光门板改为透光的玻璃材质门板，顺利引入光线。

左 | 中 | 右

（左）在玄关入口，用格栅虚化门板，丰富了墙面视觉的元素，为单调的白墙带来不同的质感组合。（中）卧室门采用长虹玻璃，兼顾采光与隐私需求，设计面则呼应电视墙，让两者巧妙地融和成一个立面，形成空间视觉焦点。（右）天花板经过统整，变得干净利落，刻意做了两条黑色引线，借此引导视线，达到延伸空间的目的。

家庭信息 | 家庭成员：2 名大人
面积：66 ㎡

案例

16 局部微调，打造舒适退休好宅

空间设计及图片提供—好治设计
文—王玉瑶

房主需求： 1. 不要过于拥挤，收纳刚好够用就好。2. 改善厨房空间配置，释放公共领域。3. 希望厨房油烟不要飘散到其他空间。

年近退休的房主与母亲同住，想借由重新装修房子来为退休生活做准备。除了重视无障碍设计，也希望通过设计师的设计，让家变得更舒适。设计师首先转移了电视墙的位置，将墙面不好使用的空间让给主卧，让客厅格局变方正，沙发与电视墙之间的距离也更为舒适，整体空间变得更大气；拆除厨房木作墙，让厨房退缩至与次卧隔墙齐平，且不采用实墙隔断，而是用雾面玻璃拉门兼顾阻挡油烟与引入光线的双重目的；地面整平，消除高低差，只在玄关落尘区用瓷砖做出分界，并将材质沿用至厨房区域，巧妙地与墙色连接，形成更为和谐的视觉效果。

改造前

局部小问题，却造成空间安排难题

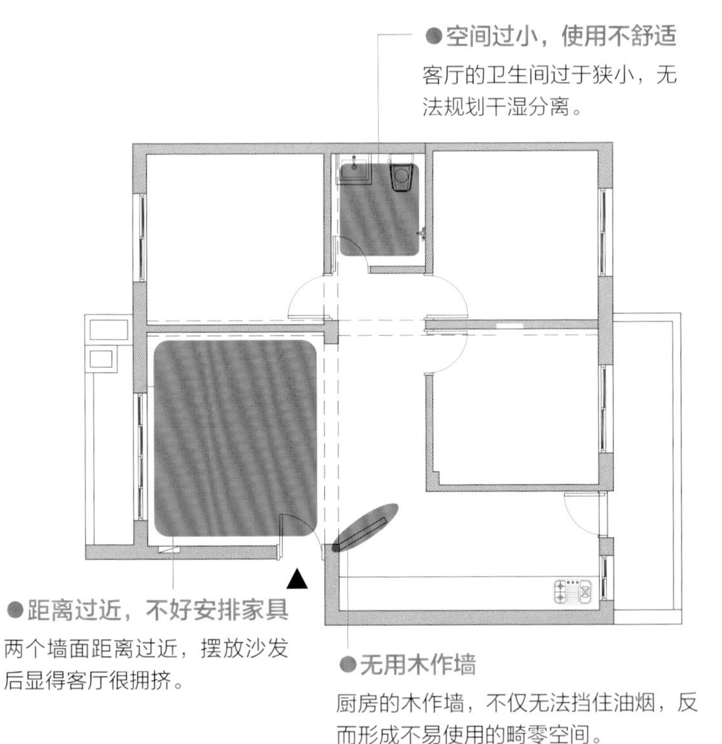

● **空间过小，使用不舒适**
客厅的卫生间过于狭小，无法规划干湿分离。

● **距离过近，不好安排家具**
两个墙面距离过近，摆放沙发后显得客厅很拥挤。

● **无用木作墙**
厨房的木作墙，不仅无法挡住油烟，反而形成不易使用的畸零空间。

改造后

通过细节调整，增加使用舒适度与合理性

●改为拉门更实用

主卧入口改为拉门形式，便于出入，且可以完全利用空间，不需预留开门回旋空间。

●位置调整，增加舒适性

调整卫浴设备位置，将淋浴区移至角落，做出干湿分离。

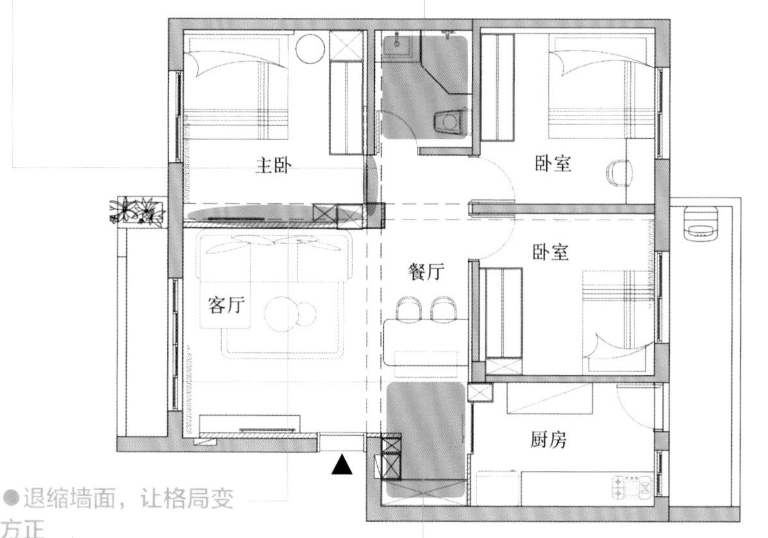

●退缩墙面，让格局变方正

将沙发背景墙往前移，让主卧拥有更多空间，客厅也变得更方正，改用单椅家具让空间更为灵活。

●拆除无用墙面增加收纳空间

拆除厨房木作墙，将厨房内缩，多出来的方正空间则设计成收纳柜。

左 | 中 | 右

（左）次卧采用隐藏门设计来保留墙面完整性，再运用材质点缀墙面，形成空间视觉亮点。（上）利用相近的灰色，将不同材质的地面与墙面串联起来，形成相异材质的视觉趣味与和谐。（下）采用具有通透性的材质引入光线，避免因光线不足而感觉阴暗。

家庭信息 | 家庭成员：2 名大人
面积：53 ㎡

案例

17 光线穿过透光材质，在空间自在流动

空间设计及图片提供—成境室内装修设计有限公司
文—王玉瑶

房主需求： 1. 只需要一个房间。2. 房主喜欢工业风，因此希望空间中可以运用工业风材质。3. 改善空间采光问题。

空间的采光面主要分布在客厅和主卧，如果采光面变小，光线便无法到达空间末端，那么就会产生阴暗地带。想将光线引入室内，首先要置换主卧的隔墙材质，将上半部墙面改为清透玻璃材质，让墙面变得较为生动、有趣；然后在主、次卧之间留出廊道，让光线可以没有阻碍地到达每个角落，并在廊道末端设计一个储藏柜。房主喜欢工业风，但小户型不宜用色过重，因此以灰色做铺陈，借由具有工业感的扩张网、金属等材质，来强调冷调的工业感，同时也尽量减少柜体，改以陈列方式收纳，减少空间压迫感，呈现极具个人品位的居家格调。

封闭且零碎的格局，造成空间多处阴暗

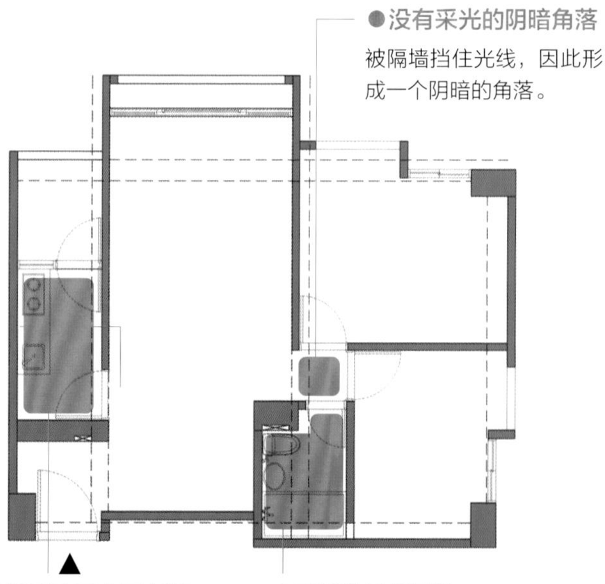

● **没有采光的阴暗角落**
被隔墙挡住光线，因此形成一个阴暗的角落。

● **狭长厨房又小又封闭**
厨房空间偏窄长型，而隔间墙又让空间变得更狭隘。

● **卫浴设备很拥挤**
坐便器和洗手台在同一侧，使用起来很不方便，而且坐便器离梁柱和门太近。

改造后

打开封闭格局，让光线洒落进来

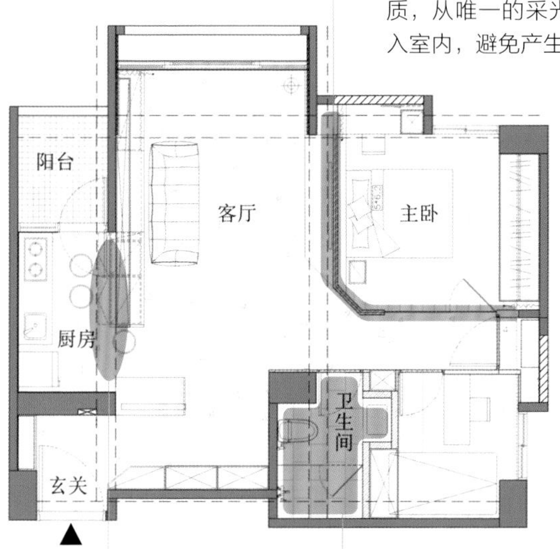

●采用玻璃隔墙引入光线

主卧隔墙采用清透的玻璃材质，从唯一的采光面将光线引入室内，避免产生阴暗地带。

●开放式设计拉阔空间感

厨房隔墙予以拆除，利用开放式设计化解空间狭隘感。

●扩充卫浴空间，提高使用舒适度

将卫浴隔墙往次卧方向移动，如此便能增加卫浴空间，并借此重新安排卫浴设备的位置，使卫浴空间的舒适性也能得到提升。

左 | 上 / 下

（左）厨房采用开放式设计，化解空间局促感，同时将吧台与餐桌结合，划分出用餐区域。（上）主卧隔墙一半改为清透玻璃材质，引入大量自然光，并搭配窗帘，增加空间私密性。（下）空间小，不宜有太多柜体，大量采用陈列式收纳，并用工业感材质满足房主对工业风的喜爱。

家庭信息 | 家庭成员：2 名大人
面积：63 ㎡

案例

18 通过减少房间，让空间发挥应有的功能

空间设计及图片提供｜寓子设计
文｜喃喃

房主需求： 1. 需收纳大量衣物。2. 化解天花板大梁柱给人的压迫感。3. 卫浴动线要符合平时的生活习惯。

原始格局中，只有 63 m^2 的空间被隔成三个房间，每个房间都很小，尤其主卧更无法满足房主收纳大量衣物的需求。为了让空间功能更适合居住者，设计师拆除其中一个房间的隔墙，将空间并入主卧，多出来的空间被设计成收纳功能强大的衣帽间，且为了满足房主平时的生活习惯动线，采用可以自由行走的双开口设计。一进门的天花板大梁，不只影响视觉美感，更带来压迫感，因此对玄关处天花板大梁进行包覆，同时借由圆弧造型串联客厅天花板，淡化高低落差，并和空间里的圆弧元素呼应，成功转移视觉焦点。

改造前

格局零碎，空有三个房间，却不好利用

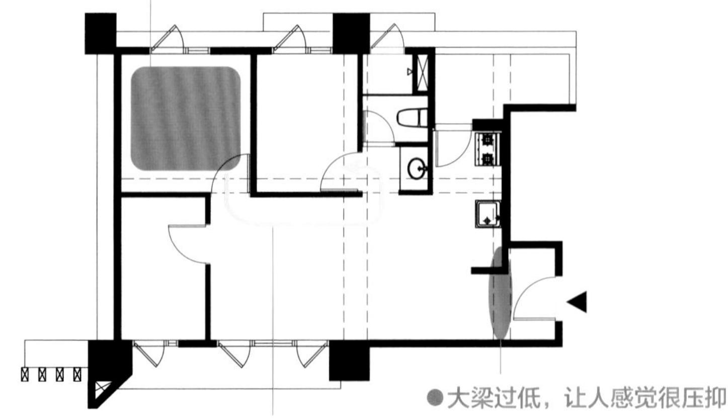

主卧功能不足
主卧空间不大，不只没有主卫，也无法安排足够收纳大量衣物的空间。

动线不顺
房主平时上班换装完毕后，需要从主卧到卫浴做梳洗，动线有点曲折，效率不高。

大梁过低，让人感觉很压抑
在玄关天花板上有一根大梁，让人一进门就有种压迫感。

改造后

减少房间，让空间更贴近需求

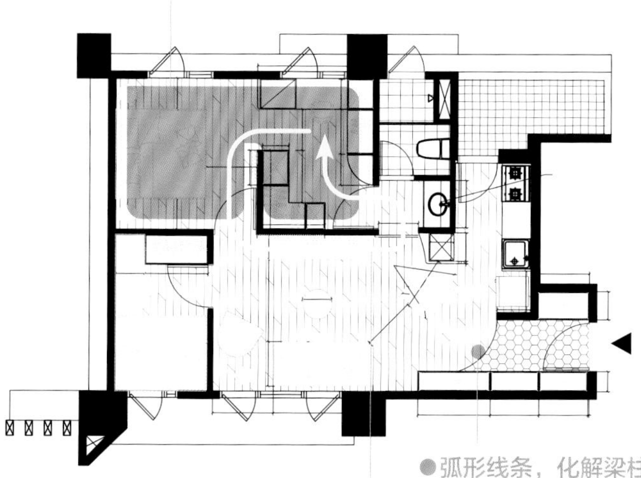

拆一个房间，让主卧功能更齐全

拆除其中一个房间，将其规划成主卧衣帽间，满足收纳需求。

双开门设计，动线更自由

衣帽间采用双开口设计，符合房主平时出门前换完衣服后梳洗的生活习惯。

弧形线条，化解梁柱压迫感

玄关处采用大量圆弧线条，制造较为圆润的视觉效果，从而淡化梁柱与天花板带来的压迫感。

左 | 中 | 右

（左）橱柜与梁柱拉齐，立面看起来更利落，中段内凹，设计成换鞋凳，既满足了功能需求，又避免了整墙柜体带来的压迫感。（中）天花板包覆修饰梁柱，同时采用圆弧线条和客厅天花板串联，达到淡化高度落差与引导视线的目的。（右）更衣室采用双开口设计，靠近入口的门采用玻璃材质，兼顾采光与隐私需求。

案例

19

借由空间整合，解决零碎格局难用的困境

空间设计及图片提供—灰色大门设计
文—王玉瑶

家庭信息 | 家庭成员：2 名大人
面积：56 ㎡

房主需求： 1. 需要一间书房。2. 喜欢比较偏黑灰的冷调色系，希望运用在空间。3. 想要有个衣帽间。

原来的格局有三个房间，每个房间都偏小。由于房主仅需要两个房间，因此保留其中一个房间，然后将主卧与相邻的次卧整合。如此一来，主卧床铺便可移至原来次卧的位置，避免西晒问题，而原来的主卧让出部分空间给客厅，将这多出来的部分设计成书房区，其余空间则设置为主卧中收纳功能强大的衣帽间。房主喜欢黑灰的冷色调，但小户型使用过多难免会让人感觉压抑，因此空间仍以白色调为主，选择在部分墙面、柜体、地面使用黑、灰、蓝色系，为空间增添更多色彩元素，也凸显出房主简约冷调的居家品位。

虽有三个房间，但空间都偏小

●橱柜不符合需求
原来的橱柜不好用，反而白白浪费收纳空间。

●西晒不适合睡眠
原主卧位于西晒位置，下午、傍晚光线过强，不适合作为休息空间。

●主卧空间过小
作为主卧空间太小，只能放下床，很难再规划收纳空间。

改造后

空间整合，多了书房和衣帽间

●退缩墙面，争取空间

隔墙从客厅往原来的主卧方向收缩，为书房争取更多空间。

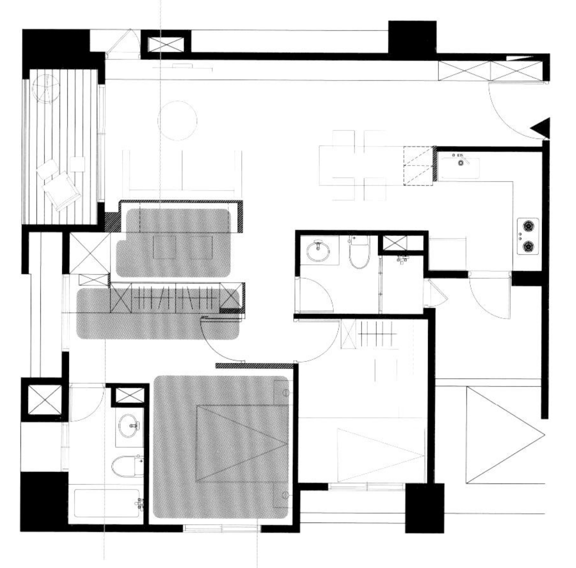

●整合两个房间，扩展主卧功能

整合主卧和次卧，主卧多了收纳量充足的衣帽间。

●主卧移位，更有利于睡眠

主卧移到不会西晒的位置，从而提升睡眠质量。

▶原主卧空间一部分规划为衣帽间，另一部分规划为开放式书房区，空间功能得到增强，客厅也变得更开阔。

◀刻意对电视机下的平台加强了支撑，且做成 45 cm 的高度，让平台除具有电视柜功能外，还可以作为客厅座椅和玄关穿鞋椅。

案例 20

隔墙位置挪一挪，争取更多使用空间

空间设计及图片提供—知域设计
文—王玉瑶

家庭信息 | 家庭成员：2 名大人 + 1 名小孩
面积：66 ㎡

房主需求： 1. 要有足够的收纳空间。2. 改善空间采光问题。3. 要有可摆得下餐桌的用餐空间。

约 66 m² 的小空间里，最需要解决的就是空间采光不足的问题，为此设计师将紧邻后阳台的次卧隔墙材质做了变动，由原来的实墙改为清透的玻璃材质，借此引入后阳台的光线，大幅提亮整体空间。另外再将餐厨间的隔墙拆除，利用中岛做出分界，减少了远离采光面空间的阴暗感。回到房主需求，增加收纳和摆得下餐桌这两条，通过收缩卧室空间来实现，餐桌设计在次卧内缩的部分隔墙处，如此一来就争取出了座椅空间，使用节省空间的卡座式设计，让出空间摆下餐桌，座椅下方则规划为收纳空间。另外，主卧入口向卫浴侧移动，加上墙面内缩，就多出了一个储藏室来满足全家的收纳需求。

改造前

两面采光，但其中一面被隔墙挡住

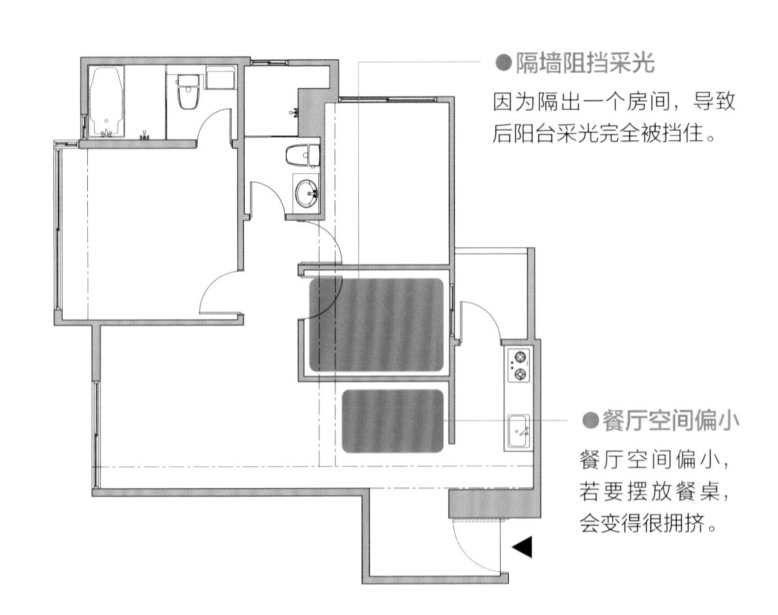

拆除隔墙，用通透材质增加采光

●使用透光材质引入自然光源

将部分墙面改成清透玻璃材质，让后阳台光线可以直达餐厅。

●开放式设计提升采光

拆除厨房隔墙，改用中岛与餐厅分界，借此能引入些许光线，提高空间明亮感。

●内缩隔墙创造空间

将隔墙内缩，争取座椅空间，让餐厅空间足以摆下餐桌。

◀空间小，且采光不足，不宜有太多隔墙。因此用拆除厨房隔墙的方式，以及将次卧部分墙面改用玻璃材质，来提升整体空间的采光效果。

▶将次卧床铺规划在内侧实墙区域，借此增加私密性，睡觉时不会受到打扰。

家庭信息 | 家庭成员：2名大人
面积：40 ㎡

案例

21 打破格局，重整空间，让挑高成为小宅优势

空间设计及图片提供—北境空间设计
文—王玉瑶

房主需求：1. 卫生间安装浴缸。2. 改善空间采光不足的问题。3. 希望有一面书墙。

挑高 4 m 的房子只有不到 40 m^2，但被隔成两房，导致前后采光都被隔墙挡住，使得空间显得阴暗。为了将光线引入空间，先将公私领域做出划分，机动性的公共领域集中在下层，私密领域的休息空间则移至上层。属于公共领域的客厅、餐厅、厨房等空间，以开放式设计做整合，减少隔墙阻挡，形成更为明亮、通透的开放空间；拆除主卧隔墙，让后阳台的光线毫无阻碍地直达空间深处；卫生间因纳入部分主卧空间而变得宽敞、舒适，且能放得下浴缸。另外，将房主期待的书墙与楼梯结合起来，再借由金属、木材等材质的轻量化质感，弱化柜墙带来的压迫感，成功变身成空间的视觉重点。

改造前

隔墙太多，挡住前后光线

卫浴空间不符合房主期待
卫浴空间拥有基本设施，但空间不够放下房主希望拥有的浴缸。

厨房太小不好用
厨房空间窄小不好用，一字形设计没有足够的料理台面。

隔出两个房间，但空间都偏小
虽然隔出两个房间，但其实空间都过小。

改造后

从材质和减少隔墙下手，成功引入光线

●拆除主卧，卫浴空间变大

将原来主卧部分空间并入卫生间，使卫生间更加宽敞，有了摆放浴缸的空间。

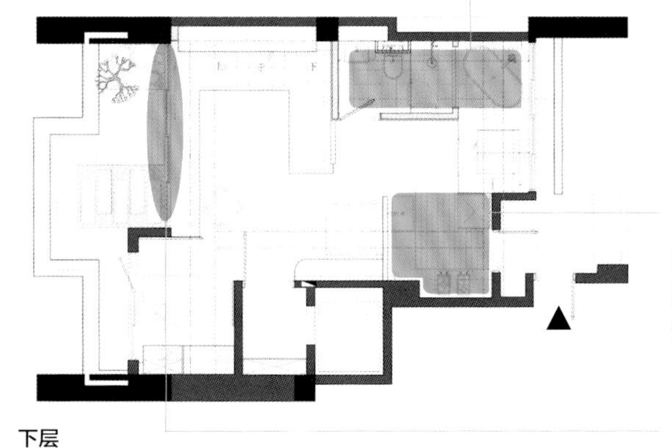

下层

●开放式餐厨强调开阔、互动

厨房沿墙面规划成 L 形，并与餐厅串联，形成开放且实用的餐厨空间。

●串联内外无限放大

将沙发刻意安排为面对露台的方向，以此引导视线往露台方向延伸，无形中放大了空间，减少了局促感。

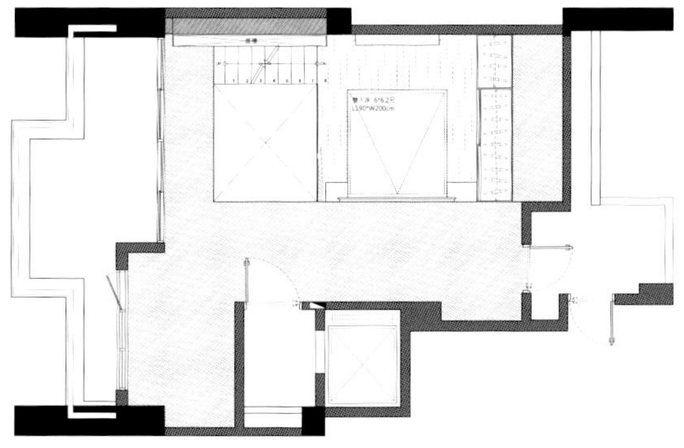

上层

（左）借由拆除主卧，顺利引入后阳台光线，提升整体空间明亮感，通风效果也得到了改善。（上）围绕客厅打造的木质平台是楼梯第一阶，也是沙发椅，人多时，还可供客人坐卧，下方安装了 LED 灯带，提供照明，也有制造轻盈感的目的。（下）主卧功能单一化，并搭配布帘来满足私密领域的隐私需求。

家庭信息 | 家庭成员：2 名大人 + 1 名小孩
面积：53 ㎡

案例

22 利用材质突出特性，双倍放大小宅空间感

空间设计及图片提供—成境室内装修设计有限公司
文—王玉瑶

房主需求： 1. 希望可以有橱柜收纳电器。2. 在空间中加入古典元素。3. 让窄长的空间变得大一点。

原始格局中，卧房皆在左侧循序安排，在剩余窄长的空间里，要为客厅、餐厅、厨房做出区域分界。为了不让空间因隔墙分割而导致空间变得小且零碎，设计师采用开放式设计。靠近入口处是离采光面最远的厨房，以增加中岛来增添收纳、餐桌功能，同时也界定出餐厨区；电视墙被通往卧室的入口截断，设计师用一道拉门来保留墙面完整性，并达到视觉上的平衡，电视墙部分则利用中段的石材增强空间的纵深感，上下各安排两道镜面，与同一朝向的柜体镜面呼应，制造出空间延伸的效果，达到放大小户型视觉空间的目的。

改造前

窄长空间，给人空间很狭小的感觉

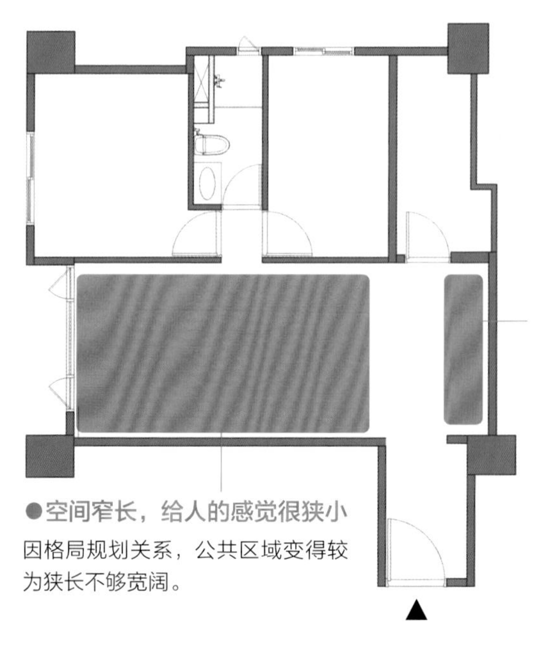

● **位于角落，无法安排收纳柜体**
厨房位置两侧皆没有完整墙面，因此无法安排可供收纳的柜体。

● **空间窄长，给人的感觉很狭小**
因格局规划关系，公共区域变得较为狭长不够宽阔。

改造后

保留完整墙面，贴覆镜面材质，无限拉伸空间感

●用中岛解决收纳

转向处增加一座中岛，不只多了料理台面，下面还能增加收纳空间。

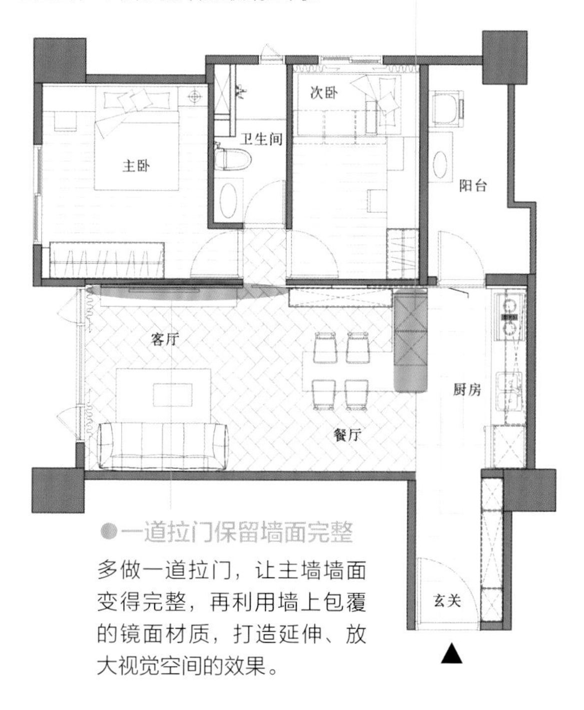

●一道拉门保留墙面完整

多做一道拉门，让主墙墙面变得完整，再利用墙上包覆的镜面材质，打造延伸、放大视觉空间的效果。

（左）从玄关入口到厨房，大面积铺陈仿大理石砖，借此在入户门营造大气的印象。（中）借由材质延续来有效拉伸空间，在视觉上也更加平衡与美观。（右）复杂的古典元素不适合小空间，改以简约、现代风格的线条，为空间注入古典元素，搭配人字拼木地板，营造出清爽又古典的优雅氛围。

家庭信息 | 家庭成员：1 名大人
面积：66 ㎡

案例

23 少了一个房间，换来宽敞的生活空间

空间设计及图片提供—创境国际室内装修有限公司
文—王玉瑶

房主需求： 1. 要有两个房间。2. 希望可以有衣帽间。3. 改善厨房太小不好用的问题。

66 m² 的户型隔出三个房间，导致每个房间都偏小，也压缩了客厅的空间。由于房主只需要两个房间，因此设计师便顺势拆除邻近客厅的一个房间，将空间分给主卧与客厅。如此一来主卧功能更加完整，客厅也得以扩充变大，进而消弭了原空间的局促感。至于“开门见灶”的问题，利用高柜划分厨房和玄关的方式进行了化解，同时一并解决了冰箱摆放的问题。由于餐厅空间过小，不宜再安排餐桌，于是在厨房和客厅分界的位置，增加了一座多功能的中岛吧台，既可作为料理台面，也可作为用餐空间，并刻意采用深色做跳色，成为空间里的视觉亮点。

改造前

硬是隔出三个房间，结果卧室、客厅都太小

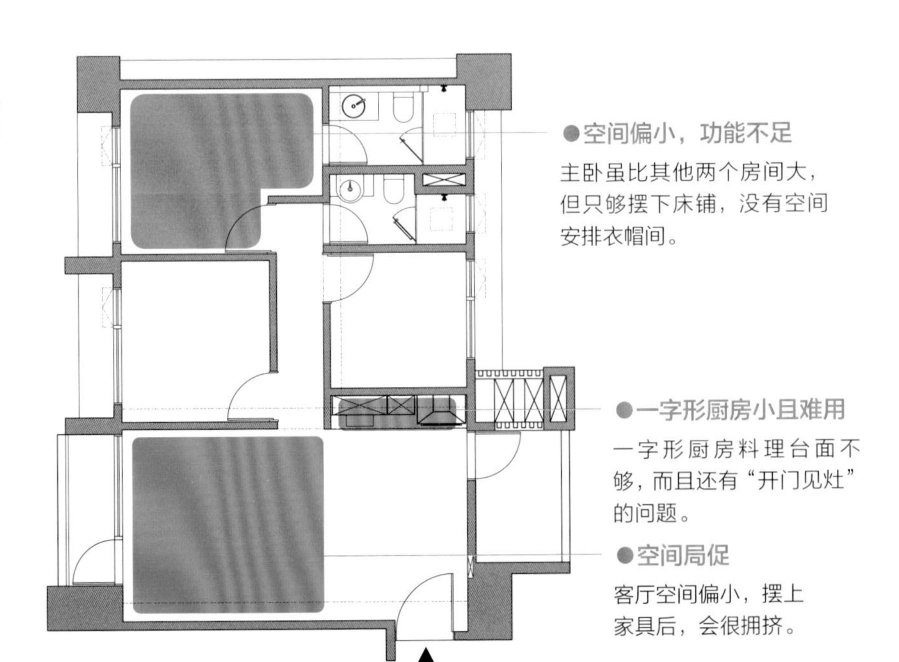

改造后

拆除一个房间，让主卧、客厅空间变大

●拆除一个房间，主卧多了衣帽间

拆除一个房间，将空间分给客厅和主卧，主卧空间变大，可以规划独立衣帽间。

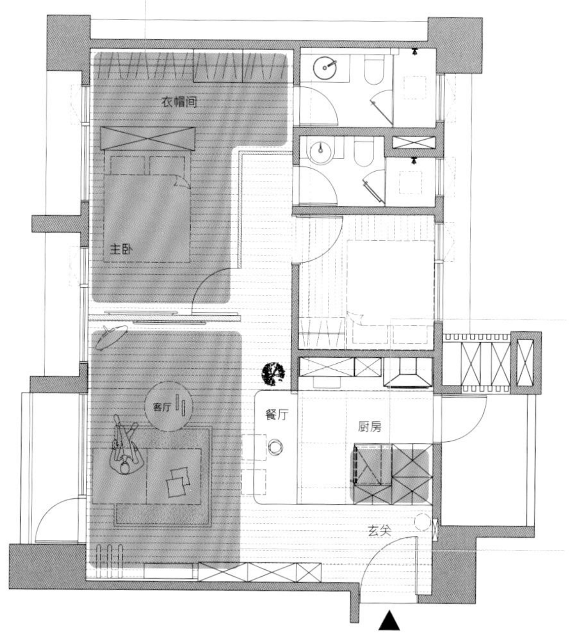

●通顶高柜化解开门见灶的问题

利用通顶高柜化解“开门见灶”的问题，也借此做出内外分界，同时又增加了玄关收纳空间。

●空间推移，拉长空间纵深

客厅有了拆除一个房间后的部分空间，纵深变长，设计起来也更从容。

左｜中｜右

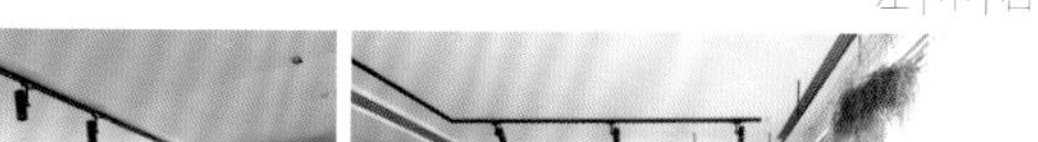

（左）采用双面柜墙设计，划分休息区与衣帽间，床铺这面为床头墙面，衣帽间这面则是满墙收纳空间的收纳柜。（中）用中岛吧台扩充厨房收纳功能，又可兼做餐桌，最重要的是不会阻挡光线，营造厨房开放、明亮的氛围。（右）刻意让沙发不靠墙，将墙面规划为收纳空间，但整面柜墙会给人压迫感，因此靠近窗户处改为结合洞洞板的开放式收纳。

2

怀旧老屋，摆脱老态，变身新格局

房屋与人一样，随着房龄渐长，装饰也会自然老化，屋况也会慢慢变差。因此，不少购买老屋的人会趁着入手之际，依照自己的需求对老屋重新装修改造。就算房子没有考虑转手，房主也常因居家成员成长、变化而需要翻新，让不合时宜的老屋格局也能与时俱进，甚至“返老还童”，变身成为时尚好宅。

设计原则 1 夹缝中求生存的采光设计

随着现代人对居家环境要求的提升，采光成为许多人买房的第一考量要素。然而，早年许多房屋只有单面采光，或因是长条户型，只有两侧有采光通风窗，加上老房子想要争取更多房间数，常会过度隔间，导致墙面过多，阻挡室内光线，进而使阴暗成为老屋最为人诟病的问题。

为了增加采光，除了在有关规定许可范围内尽量加大开窗面积外，采用开放式格局可以说是根本的解决之道。将不必要的隔墙拆除，例如书房、厨房，以及小而不实用的房间的隔墙。少了这些墙面，光线可以更容易地进入屋内，使居住空间更为明亮健康。但如果无法拆除隔墙，也可以利用透光材质取代实墙，让光线透入室内；在需要私密性时，只需用窗帘来遮挡就能满足需求。另外，还可以采用拉门或折叠门设计，让隔间变化更灵活，比如和室或书房等空间，平日不使用时可将拉门全开，引入光线，使用时关上门就可享有独立房间。

▲为了让室内有更充足的采光，将没有外窗的空间环绕着天井规划，除了引入光源，搭配植被墙更有绿意。（空间设计及图片提供：璞沃设计）

◀为充分利用采光，将电视墙连接阳台植被墙来凸显自然感，并搭配百叶帘，以保留更大窗面，让光线畅通无阻。（空间设计及图片提供：一它设计）

设计原则 2 诠释现代生活的格局配置

房子是承载生活的容器，室内的设计会随着社会进步而改变。过去的家庭结构多为两代或三代同堂，而今更多的是小家庭，有夫妻带着孩子同住，还有很多人单身居住，因此，住宅格局自然也会跟着变化。早期室内设计的重点多放在客餐厅等公共区域，卧室等私密领域较少受到重视；而且为了防止油烟外溢，厨房多采用封闭式设计，餐厅也少与客厅合并使用。

如今，人们的生活习惯让开放式格局大受欢迎，很多人忙于工作，因此家中厨房的使用率降低、开放性提升。不少房主在设计时便指定要做开放式厨房，并且不拘泥于以往的客厅格局设计，让客厅、餐厅空间的占比日益趋近，两者界线也愈发模糊。

▲以餐厨作为空间重心，搭配使用灵活的伸缩长桌，让好客的房主可以尽情招待亲友。（空间设计及图片提供：方构设计）

在私密领域，则有将收纳空间与睡眠空间间隔的趋势。若空间许可，很多房主会另辟衣帽间，使睡眠区功能更单一。老屋常见的多而难用的小房间格局也逐渐被摒弃，中小户型以长住家人的需求为主，对于客房或在外工作的子女房则倾向于不做保留，灵活设计。

▶为了拥有开放的居住感，书房舍弃独立格局，改以半墙来界定客厅与书房，半开放式设计让家人互动更方便。（空间设计及图片提供：构设计）

◀因家庭人员结构简单，无需过多考虑私密性，故以局部墙面取代完全隔间，让卫浴与起居区形成回字动线格局，更开放且便利。（空间设计及图片提供：Studio In2 深活生活设计）

设计原则

3 与老屋梁柱共生共存

早期建筑规划与室内设计各司其职，导致老屋内常有低梁与柱子横陈的问题。当然，有些梁柱也可能是房间改造为开放式格局后原本隔墙留下的问题。那么，遇到与结构相关的梁柱，该如何处理呢？

▲将过低大梁下方规划为沙发座位区，再用木皮对其进行包覆装饰，刻意凸显大梁的手法表现出很强的设计感。（空间设计及图片提供：璞沃设计）

由于结构梁柱关系到房屋安全性，因此不能移除，只能设法将其融入新格局中。以大梁来说，可以选择封进天花板的做法，但如果层高较低，不想封板的话，则要从虚化大梁的角度来思考。例如，将梁下方做成装饰主墙，或是利用橱柜设计，将大梁包覆进柜内，这类设计常见于客厅、书房；若梁在正中央的话，则可以用来固定吊灯，让大梁存在合理化，这种方法常用于餐厅。但若大梁位置怪异，难以掩饰，则要利用木作造型让梁融入设计中，避免突兀感。至于柱子，可借用它作为区域界定的基准，像客厅与书房之间就很适合。另外，可用镜面材料包覆柱子创造反影效果，或是配合橱柜，将柱体藏入柜中，减少格格不入的感觉。

▲将突兀柱体涂覆成与墙面同样的水泥色，有助于柱体融入墙面中，并在柱体与墙面的夹缝中设置层板柜，让柱体在视觉上更合理。（空间设计及图片提供：ST design studio）

▼将窗边大梁下方空间设计为卧榻收纳区，让人可以在此区域坐下活动，而木皮斜切包覆也可消弭大梁的存在感，从而减弱压迫感。（空间设计及图片提供：ST design studio）

设计原则

4 良好通风让老屋与家人更健康

许多老屋一进去就有股潮湿的霉味，这不是什么怀旧气息，而是长期不通风造成的。由于早期建筑不时兴大开窗，窗户的尺寸与数量都比新建筑要小且少，加上房间多、隔墙也多，让通风不畅的问题更显严重。长期下来，便造成湿气重、秽气无法排出等问题，容易滋生螨虫、细菌，家人久住其中，容易生病。因此，接手老屋，最好彻底解决通风问题。

首先，从外到内检查开窗，看能否加大开窗面积。有些老公寓的客厅与阳台相连，因此客厅开窗多为内缩式，若阳台也有铝窗，会让气流被拦下，不易进入室内。建议将客厅与阳台的铝窗进行整合设计，避免双重阻隔。隔间上也可以考虑局部做开放式设计，使通风更顺畅。如果无法拆除隔墙，可以考虑在墙面上做开窗设计，例如只有前后开窗的狭长户型，就可借由开气窗，让气流进入房间内。另外，还可利用空气交换器或除湿机、抽风机等机械通风设备改善室内空气，让空间更清爽。

▲为改善老屋阴暗与不通风的屋况，公共区域采用全开放式格局，仅以鞋柜间隔玄关与客厅，以确保光线与气流的通畅。（空间设计及图片提供：构设计）

▲仅前后开窗的狭长户型加上低梁，让室内光线与通风都不佳，重新规划后，以减少隔墙阻碍来确保空间开阔，空气流通也更为通畅。（空间设计及图片提供：ST design studio）

家庭信息 | 家庭成员：2 名大人
面积：99 ㎡

案例

24 拆除无用房间，打造开阔的生活区域

空间设计及图片提供｜知域设计
文｜王玉瑶

房主需求： 1. 加强空间采光。2. 主卧维持在原来位置不变动。3. 空间尽量简约，元素不要太多太复杂。

99 m^2 大的房子，原格局隔出了太多不合理的房间，不只每个房间都太小，更导致公共领域过小，难以利用。因此在确认房主需要的房间数后，改为三个房间的格局，多余的房间全部拆除。如此一来，不只有了开阔的公共领域，采光面也因拆除隔墙而得以释放；为了获得更多采光，将后阳台雨篷更换成更透光的采光罩，让大量自然光经由厨房玻璃门，洒落到室内，成功解决了过去空间昏暗的问题。解决了格局问题后，再以灰色调来营造空间简约、现代的风格调性，最后再用木素材、水库淤泥（也称乐土）等材质，丰富视觉上的变化。

改造前

隔出超多房间，公共领域变得相当狭小

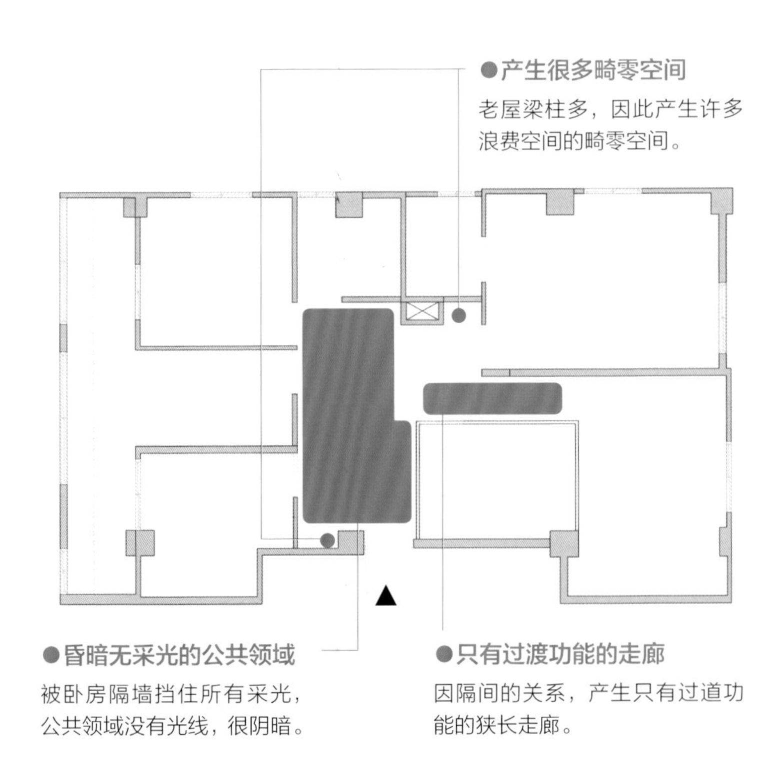

改造后

隔出适当房间数，放大公共领域

●改换了采光罩，引入大量光线

为了引进更多自然光，后阳台雨篷改为采光效果更好的采光罩。

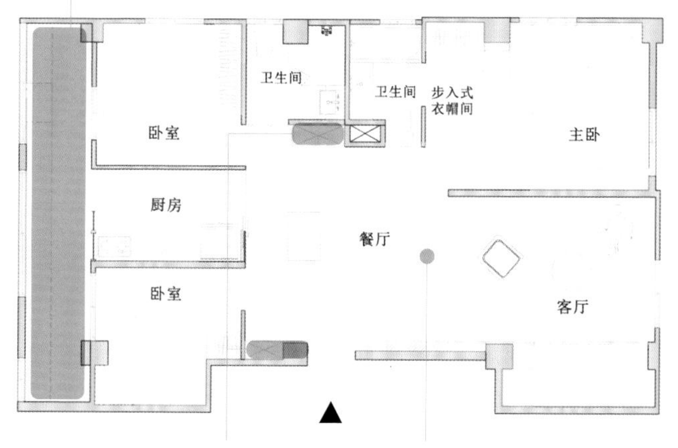

●结合收纳，活用畸零空间

梁柱边的畸零空间，借由柜体设计，转化成有用的收纳空间。

●拆除多余的房间，放大公共领域

将多余无用的房间都拆除，再用开放式设计打造空间开阔感。

▶厨房外增设一个吧台，作为备餐、料理轻食的台面，特别安装了水龙头，方便随时取水。

◀减少材质种类，塑造空间简洁、利落的格调，用材质的本身纹理来丰富空间元素。

家庭信息 | 家庭成员：2 名大人 + 2 名小孩
面积：115.5 ㎡

案例 25

楼梯面宽变大，拆掉墙面，换取宽敞、开放视野

空间设计及图片提供——水一木设计公司
文——王玉瑶

房主需求： 1. 需要三个房间。2. 要有三间卫浴。3. 希望空间可以更开阔、舒适。

这间老屋最大的问题就是光线被体量巨大的楼梯挡住了，导致缺少采光，空气也不流通。想同时解决采光和空气流通的问题，首先要将墙面打掉，改以半墙设计或改用玻璃材质，来引入充沛的光线，并增强空气的流动性。接着把过大的主卧拆分成两个房间，并通过重整原主卫空间，有了更实用的主卫和衣帽间，同时还能做出客卫来。光线更少的地下一楼，因为拆除了厚重的墙面，得以纳入来自一楼的光线，从而提升空间的明亮度；空间规划只留一个房间，其余房间拆除，且根据房主一家人集中活动的生活习惯，将角落的厨房拉到中央，使其成为供家人、朋友自在交流的空间重心。

改造前

过多墙面挡住光线，让空间变得潮湿阴暗

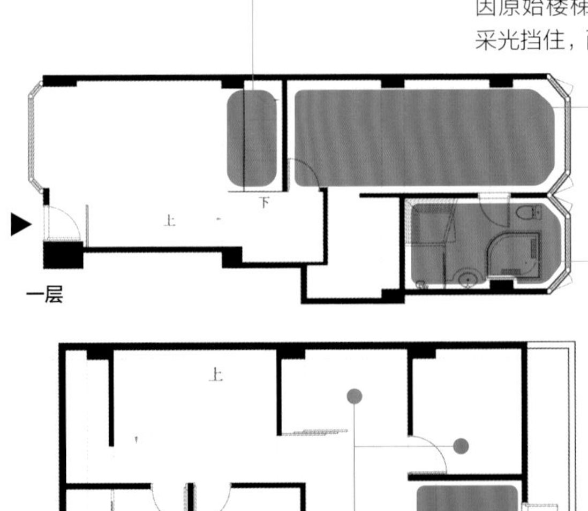

●厚重墙面阻挡采光
因原始楼梯结构而产生的墙面，将采光挡住，而且也不利于空气流通。

●空间大而不实用
主卧空间过大，相当不实用。

●主卫有不实用的浴缸
主卫空间过大，动线不顺，还有不实用的大浴缸。

●厨房位于角落，使用不方便
餐厅和厨房位于角落，不方便房主招待朋友。

●格局太过零碎
地下一楼被隔成好几个房间，让原本就采光不好的空间更显阴暗。

改造后

拆除多余墙面、隔间，引入光与风

●半墙设计引来光线

拆掉墙面后，改用半墙设计，让光线可以没有阻碍地穿行。

●适当大小，有效利用

从原来主卧划分出另一个次卧，空间使用更为合理。

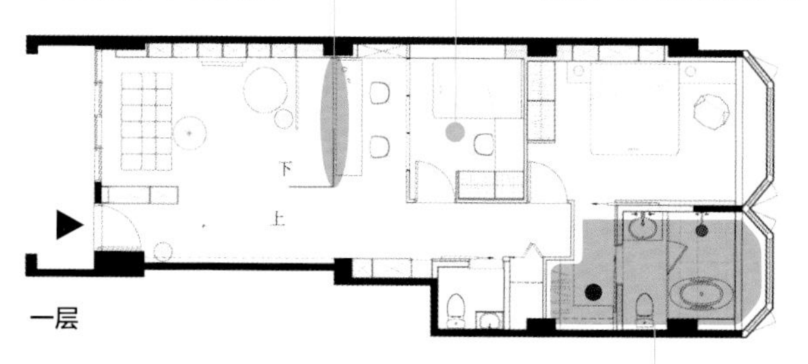

●衣帽间和主卫重新整合

将衣帽间和主卫重新整合成适当大小，多出的部分做成客卫和收纳柜。

●开放式设计提升舒适度

拆除地下一楼大部分房间后，以厨房为重心，让空间更符合使用需求。

（左）先拆除隔墙，打开空间，并用开放式格局提升开阔感，再辅以温润材质，增加空间舒适度。（上）一改过去楼梯带来的厚重感，用轻薄的半墙做分界，同时兼顾光线与通风。（下）规划整面书墙，利用梁柱间的畸零空间，拉齐墙面线条，让空间视觉更显利落。

家庭信息 | 家庭成员：1 名大人 + 1 名小孩
面积：105 ㎡

案例

26 提升设计细节，打造无拘自由退休宅

空间设计及图片提供—润泽明亮设计事务所
文—王玉瑶

房主需求： 1. 让空间里的行走动线更加顺畅。2. 地面尽量没有高低落差。3. 厨房改用开放式设计。

这是一个老屋翻修案例，房主已年近退休，希望通过整修，打造更符合未来退休生活的空间，因此设计师对全室地板进行整平，并去除门槛，形成一个行走自由的无障碍空间。接着把封闭式厨房打开，改为开放式设计，借此既能提升餐区明亮感，又能增加餐厨空间的互动性；原来门后的空间死角，通过入口调整、位移和收纳柜设计等进行有效利用，在增加收纳空间的同时，立面线条看起来也更加利落。最后在材质运用上，采用温润的浅色原木材质，呼应空间中充沛的自然光，营造出沉稳又不失自然清新的居家氛围。

改造前

入口位置影响空间利用

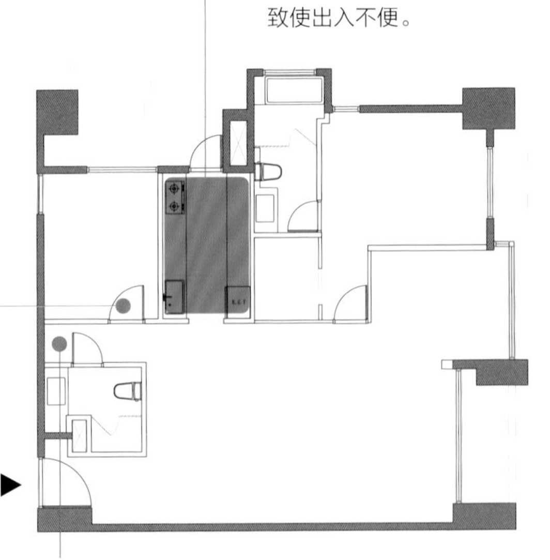

●封闭式厨房，出入不方便

封闭式厨房因为门和门槛的关系，致使出入不便。

●次卧入口卡在中间

由于次卧入口的位置，导致左右两道墙无法被完整利用。

●位于边角的畸零空间

门后产生无法利用的死角。

改造后

通过细节微调，让舒适度加倍

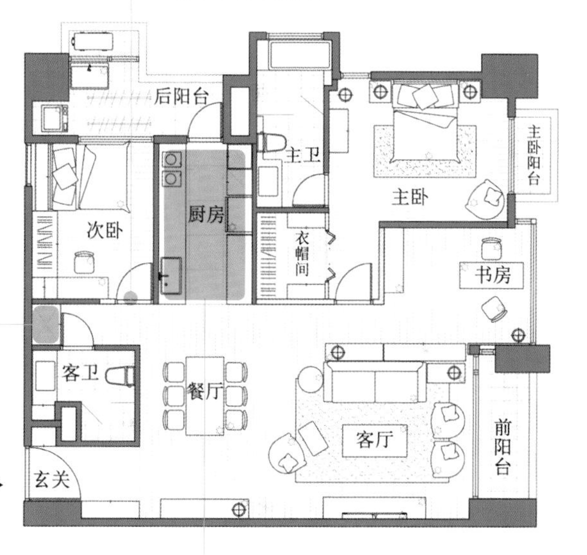

●微调让墙面变完整

次卧入门往右侧微调，左侧墙面便能更加完整，便于做规划。

●结合收纳，充分利用畸零空间

由于空间小和位置的关系，将不好用的死角用收纳柜化解。

●打开厨房，进出动线变顺畅

拆除隔墙，厨房改为开放式的，不仅动线变得顺畅，还能顺势引入后阳台的光线，让餐区变明亮。

（左）主卧衣帽间改为折叠百叶门，借此加强空气流通，避免因过于封闭而产生异味。（中）用大量木材铺陈空间，再适时利用家具、装饰，增添亮眼色彩，为沉稳的空间带来视觉活泼元素。（右）通过拆除厨房隔墙提升餐区明亮度，未来房主在厨房时，也能轻松与餐区家人互动。

家庭信息 | 家庭成员：3 名大人
面积：102 ㎡

案例

27 改变电视墙位置，重新置入墙面，打造完整区域

空间设计及图片提供—璞沃设计
文—陈佳歆

房主需求: 1. 有玄关，并划分出里外空间。2. 希望主卧安静，不被干扰。3. 要有充足的收纳功能。

老屋原有格局不佳，房主希望拥有玄关，并能区分内外。然而，入户门位于公共空间的中间位置，容易造成空间浪费，安排一般的玄关会破坏方正格局。因此设计师在公共空间增加了一道墙面，并以此取代原来的电视墙，通过墙面间隔客厅和餐厅两个区域，再用黑白对比及不同材质的搭配，界定出玄关空间。天花板大梁过低，因此刻意露出大梁以保留天花板高度，同时用木皮包覆大梁，增加空间纹理层次。在黑白的理性空间里，木皮的天然肌理能让人感受到温暖明亮的生活质感。由于房主希望有安静的寝居空间，因此通过简单地改变卫浴出入口，将主卧安置在静谧的角落里，这样不会被街道往来的车辆噪声所打扰。

改造前

入户门位置居中，干扰格局配置

●空间太小，行走动线过短

放置单人床及配置衣柜后，动线变得太短，几乎没有活动空间可以使用，给人很强的压迫感。

●位置尴尬，餐桌不知道摆哪里

厨房与次卧的入口太接近，炒菜时油烟容易飘入房间，餐桌位置也很难摆放。

●入户门居中，没有玄关

入户门位于公共空间的中段位置，若规划玄关，则会破坏空间完整性，导致空间浪费。

改造后

调整电视墙，打造完整区域

●调整卫浴入口，让主卧在安静的位置

重新调整房间格局，让主卧远离公共空间及靠窗的位置，并增加衣帽间，提升卧室使用功能。

●改变电视墙位置，打造大玄关

让电视离开原来位置，另外增加墙面，形成完整的客厅及餐厅区域，观看深度也拉长了，同时解决了玄关的问题。

●挪移墙面，扩增活动空间

移动墙面位置，形成一个次卧玄关，拉长行走动线，减少局促感，同时让门口远离厨房入口，避免油烟飘入，整个餐厅区域更加完整。

左｜中｜右

（左）玄关和电视墙依照需求，规划了充足的收纳功能。（中）利用颜色反差及不同材质，界定玄关与客厅区域，并且导入光线，使空间不再昏暗。（右）调整电视墙位置，不但创造出玄关，还同时打造出完整的客厅及餐厅区域。

案例

28 空间注入新思维，打造老屋明亮、清新面貌

空间设计及图片提供｜隹设计
文｜喃喃

家庭信息 | 家庭成员：2 名大人
面积：49.5 ㎡

房主需求：1. 希望在卫生间增加浴缸，并做干湿分离。2. 将空间重新规划成符合现在生活需求的空间。3. 厨房要有吧台设计。

几十年的老屋，不只硬件老旧需要换新，格局的配置也完全不符合现在的生活模式，因此房主夫妻决定对老屋进行翻修，让有着房主儿时记忆的家，可以延续生命。老屋有着最常见的采光和格局规划不佳等问题，对采光来说，设计师拆掉主卧与餐厨区的部分隔墙，用玻璃滑门代替，借由透光材质引入大量光线，而滑门设计也能提升空间使用弹性；而房主在意的厨房还在原来位置，但被设计成了更具功能性的 U 形厨房，不只烹饪空间变宽敞，还多了用餐吧台；至于原来过于狭窄的卫生间，设计师则采用外推一侧墙面的方式扩大空间，并进行了干湿分离，让房主能够在加倍舒适的空间里，享受泡澡时光。

改造前

格局老旧，不符合现代使用需求

●没有采光，感觉太阴暗
位于深处的空间，因距离主要采光面较远，又有隔墙阻挡，因此空间过于阴暗。

●厨房位于角落，空间小，且功能不足
原始厨房不只空间很小，功能也不足，明显不符合房主的使用需求。

●卫浴空间缺乏舒适感
卫浴空间不足，且没有干湿分离设计。

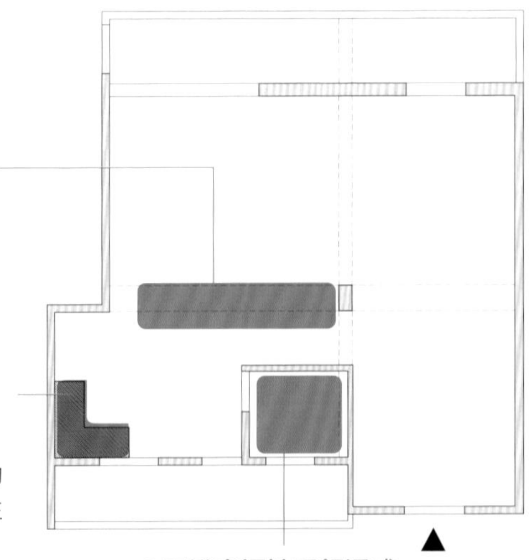

改造后

运用通透设计，提亮老旧空间

●玻璃滑门引入光线

采取玻璃滑门设计，引入光线，加强采光，并兼顾到适时遮挡厨房油烟的需求。

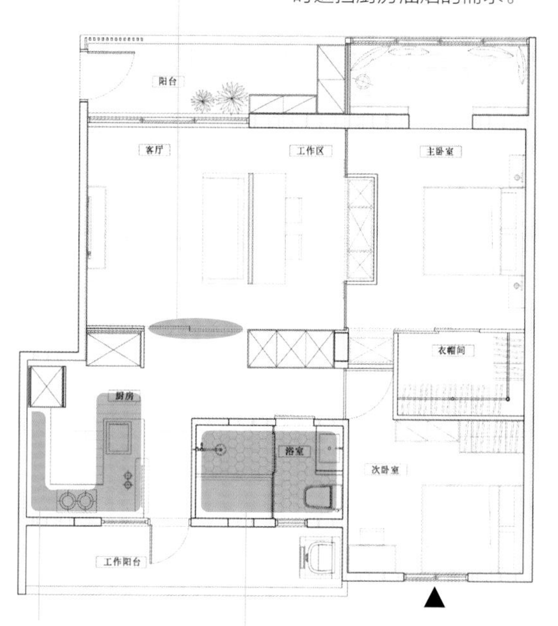

●全新规划，活用空间

厨房重新规划成 U 形，将所有功能纳入，增加厨房使用的便利性，同时还设置了房主想要的用餐吧台。

●重新规划，增添舒适度

将原卫生间一侧墙面外推，增加浴室空间，如此便可放下浴缸，并做出干湿分离。

左 上 下

（左）顾及卧房私密性，保留中间实墙，两侧采用双开口设计，有助于空气流动，动线也更加顺畅。（上）用玻璃拉门取代实墙隔间，以透光材质引入光线，解决了阴暗的问题，平时打开时，可增加空间的开阔感受。（下）利用大量的灰、白色，为空间带来利落的现代感，再以原木、绿植点缀，赋予空间家的温度。

家庭信息 | 家庭成员：2 名大人
面积：72.6 ㎡

案例

29 重新配置长方形的家，规划出大餐厨、大卫浴

空间设计及图片提供｜实适设计
文｜Ruby

房主需求： 1. 必须维持 3 房 2 厅的格局。2. 想要一个适合做中式料理且宽敞的厨房。3. 喜欢泡澡，希望卫生间区域各自独立。

这间三十多年的老屋，是长辈留给新婚夫妻的居所，为了迎接属于两人的新生活，他们决定重新装修。原始长方形的户型格局有点局促，采光也仅有前后两面，最大的困难是必须维持原有三个房间的格局。设计师将私密领域维持在左半部；公共领域最大的改变是把小厨房挪至前端，客餐厅与厨房采用全开放式设计，营造宽阔的视觉感；电视墙与书房隔间整合，局部运用透光的长虹玻璃材质，让光线得以穿透过去；因为厨房被移走了，卫生间的面积得以扩大，这样坐便区、洗手台、淋浴区各自独立，即使三人一起使用也互不影响。

改造前

格局比例配置不当

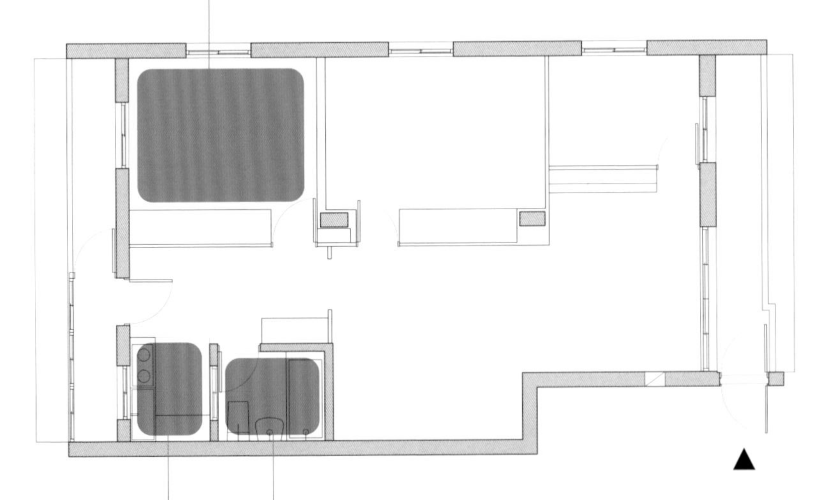

●卧房空间有限，功能不足
想配置较大尺寸的双人床，但又担心没有太多空间规划衣柜与梳妆台。

●小厨房阴暗狭隘
厨房位于角落，既封闭，也没有太多光线，更没有多余空间能收纳电器。

●卫浴空间狭小难用，也没有通风
老公寓卫浴空间通常都很小，加上没有打造外窗的条件，因此空间更显得窒闷不舒适。

改造后

打开隔间，充分互动

●斜角设计，争取更多收纳空间

将邻近卫浴的房间设定为主卧，墙面特意拉出斜角，打造出梳妆台和斗柜的功能区。

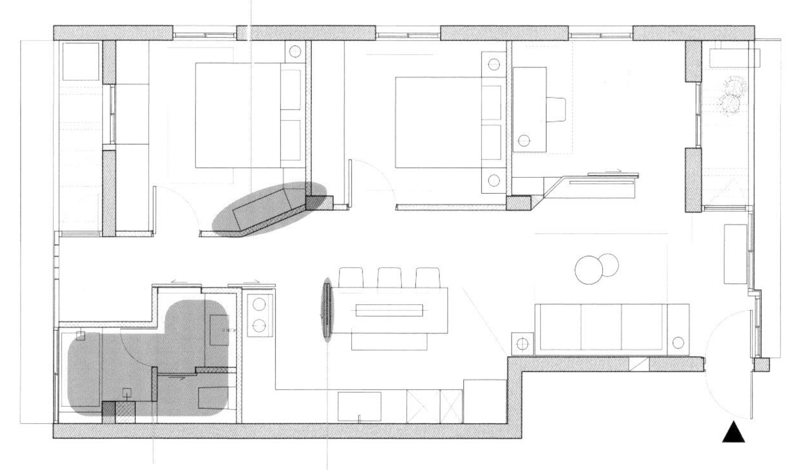

●卫浴空间分区设计更好用

利用原来厨房的空间扩大卫生间，并采用分区设计概念，坐便区、洗手台与淋浴区各自独立，即便 2 ~ 3 人使用也没有问题。

●可弹性变为中式热炒的餐厨

开放式的餐厨，除了拥有宽敞的 L 形橱柜之外，还在餐桌旁巧妙地设置了玻璃拉门，可让灶具弹性独立使用。

左 | 中 | 右

（左）公共领域的地砖延伸至卫生间，卫生间采用分区设计，搭配白色壁砖和浅木纹柜体，打造出清新舒适的氛围。（中）电视墙后方的书房隔墙和拉门局部采用长虹玻璃材质，争取更多光线透入客厅，也提高了视觉开阔感与延伸感。（右）开放式餐厨拥有完善的 L 形橱柜，增加了料理的便利性与舒适性，玻璃隔屏同时也是拉门，可将灶台变成独立隔间，阻挡油烟。

家庭信息｜家庭成员：2 名大人 + 1 名小孩
面积：115.5 ㎡

案例

30 重整毫无章法的格局，迎来绝佳视野与光线

空间设计及图片提供｜ST design studio
文｜喃喃

房主需求： 1. 改善空间采光不佳的问题。2. 通过重新规划，利用难用的畸零空间。3. 让生活空间更加开阔。

房龄约三十年的老房子，因没有适当的格局规划，导致视野、采光都很差。通过这次翻修，房主希望展现老屋的优点，也让他们可以拥有开阔、明亮的生活空间。设计师首先通过改变挡住光线的厨房位置，解决了厨房过小的问题，并提高了客厅亮度；接着，将位于角落的餐厅和未被完全利用的次卧衣帽间，改成实用性更强的储藏室；最后通过打通主卧通往洗衣阳台的隔墙，优化了只能从次卧进出洗衣阳台的尴尬动线，并让次卧拥有了更好的私密性。

改造前

格局配置混乱，既浪费空间，又让人感觉阴暗

改造后

改变厨房位置，获得大面积采光

●改变厨房位置，解决两个问题

厨房从原来的位置往内挪动，如此一来，不只厨房使用空间变大，客厅也能得到绝佳采光。

●畸零空间变身收纳空间

通过移动隔墙位置，将无用空间纳入次卧，重新规划成步入式储藏间。

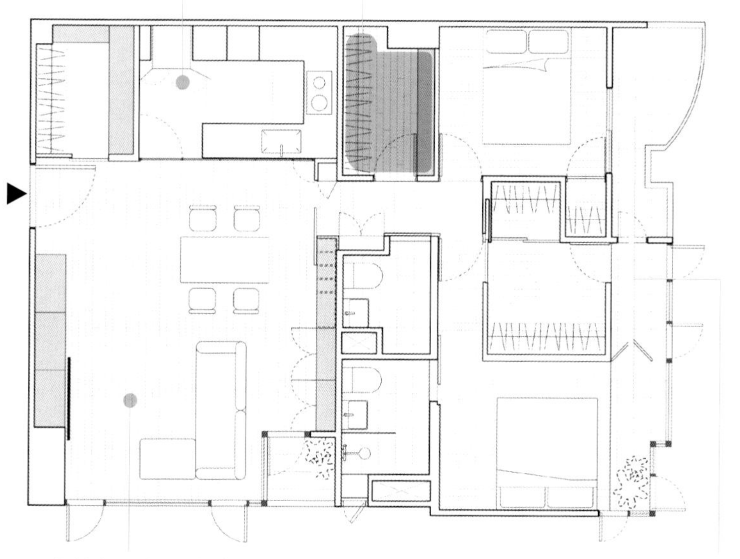

●完整舒适的开放空间

厨房移位，将卧榻拆除，客厅得以享受自然光线，空间也变得完整，且令人感觉舒适、开阔。

●灵活折叠门，增加行走动线

将主卧通往洗衣阳台的墙打通，增加了通往洗衣阳台的动线，使用更方便。

左 上 下

（左）通过改变厨房的位置，让客厅拥有绝佳视野与采光。
（上）不用实墙隔断，而使用金属及玻璃组成的结构隔间，借此引入光线，即便厨房位于深处，也不会感觉封闭、阴暗。
（下）拆除隔墙，用玻璃折叠门替代，让主卧空气更流通，动线更灵活。

家庭信息 | 家庭成员：2 名大人
面积：82.5 ㎡

案例 31 挪移隔墙，变身超值好宅

空间设计及图片提供—森叁设计
文—喃喃

房主需求： 1. 主卫浴缸和淋浴区要各自分开。2. 一字形厨房有点小，希望增加使用台面。3. 客卫空间窄小，空间需扩增。

这栋几十年的房子，和所有老屋一样，有格局不良的问题，除此之外，过多无用的走道也造成了空间浪费。在确认房主需求后，将主卫往次卧方向扩充空间，让浴缸可以独立出来，与淋浴区分离开；客卫则打掉隔墙，重新整合卫浴设备，按照平时的使用习惯进行设计，让空间更加舒适宽敞；至于位于主卧、厨房和客卫的走道，则通过调整卧室入口位置、增加柜体来加以利用。如此一来，空间变得更为方正，最后再通过建材和色彩的点缀，成功打造出清新治愈的日式风格家居空间。

改造前

因格局产生的走道，成为很难利用的畸零空间

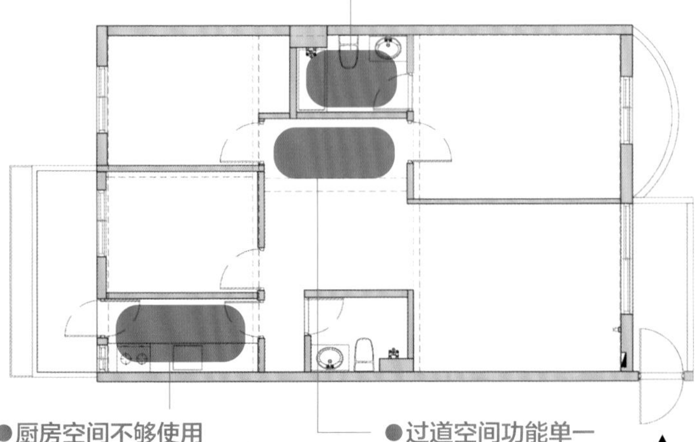

●**主卫设备不符合使用习惯**
原主卫空间太小，无法满足房主希望将浴缸独立的期待。

●**厨房空间不够使用**
原来的一字形厨房，不只空间过于狭窄，还缺少工作台面。

●**过道空间功能单一**
因格局关系而形成走道，只有过渡功能，白白浪费空间。

改造后

拉齐隔墙线条，创造更多使用空间

用和室设计增强空间使用弹性和收纳功能

考虑到过多柜体容易占据使用空间，因此将其中一房改为和室设计，使空间使用上更具弹性，并通过架高高度，将和室下方规划成收纳空间，增强收纳功能。

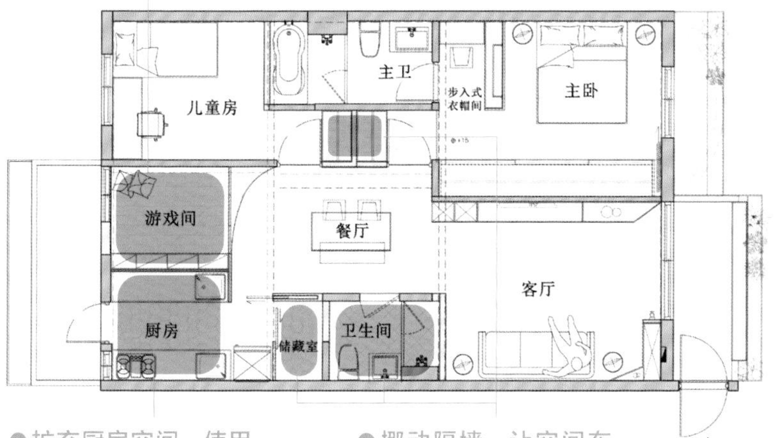

扩充厨房空间，使用起来更方便

厨房往隔壁房间的方向扩充，扩大原本的一字形格局，除了增加使用台面外，还增加了一个洗菜池，满足房主平时的使用习惯。

挪动隔墙，让空间布局更合理

将位于主卧、厨房、客卫的隔墙挪动，善用原来的走道空间，增强了卧室收纳功能，扩大了客卫使用空间，还让厨房多了一间储藏室。

左 | 中 | 右

（左）将门与墙面设计融为一体，强调立面利落的线条，增强视觉美感。（中）老屋只有前后两侧采光，导致中段空间阴暗，因此和室、厨房皆采用清透的玻璃材质做隔墙，让光线可穿透至用餐区。（右）主卧用玻璃隔屏，隔出睡眠区与梳妆区，材质通透轻巧，不影响采光，且能装饰空间。

家庭信息 | 家庭成员：2 名大人 + 1 名小孩
面积：198 ㎡

案例

32 调转大门与电视墙，老屋功能、动线重获新生

空间设计及图片提供——它设计
文—Eva

房主需求： 1. 空间虽大，电视墙却偏小，使用不便。2. 四十年的老厨房使用不方便，想改造成现代化厨房。3. 向往悠闲的生活，想有个吧台。

这座两层的独栋老屋，经过四十年岁月的洗礼，功能渐渐不能满足现在的生活需求，不仅隔了太多的无用空间，而且一进门就看到客厅，让生活没有私密性，厨房还用着老式的炉灶。因此设计师决定对这间老屋进行大刀阔斧地改造，将大门朝向调转 90° ，拆除一间储藏室，这样就多了开阔的玄关空间，从而避免了原先直视客厅的尴尬。接下来，沿着大梁在其下方重新设置了电视墙，解决了原先电视墙窄短的问题，也减轻了客厅低矮的空间感受。此外，对厨房也进行了全室翻新，餐厅沿窗设置吧台，满足了房主的心愿。

改造前

老旧得不堪使用

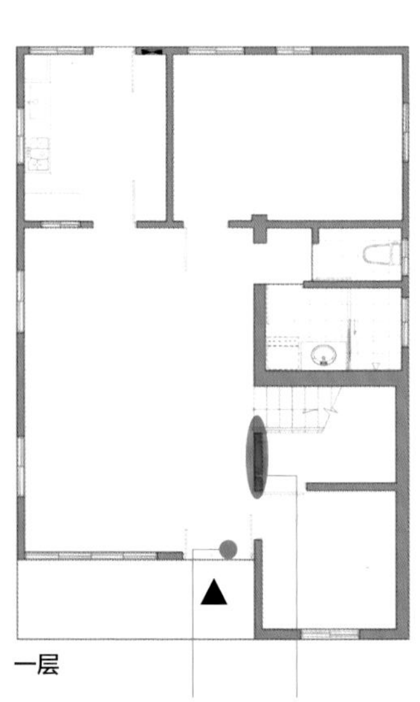

一层

二层

●进门即见客厅，好尴尬
没有玄关缓冲，一进门就能直视客厅，缺乏私密性，生活在里面，让人感觉不安心。

●电视墙过于窄短
电视墙被楼梯与房门截断，墙面又窄又短，难以使用。

●儿童房多一个无用入口
二楼儿童房有个开往客浴的入口，不仅多余无用，还导致墙面不完整，不利于空间规划。

改造后

布局大转向，动线更顺畅

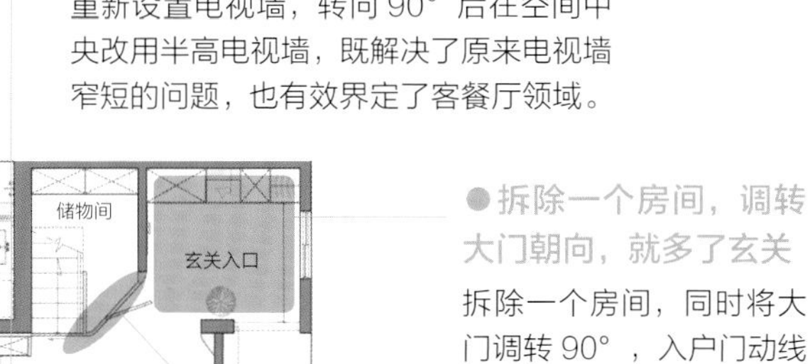

●重设电视墙并转向，分隔客餐厅

重新设置电视墙，转向 90° 后在空间中央改用半高电视墙，既解决了原来电视墙窄短的问题，也有效界定了客餐厅领域。

●拆除一个房间，调转大门朝向，就多了玄关

拆除一个房间，同时将大门调转 90° ，入户门动线顺势转向，避免了直视客厅的尴尬。

●储藏室拉斜角，隐藏楼梯入口

将楼梯旁原有的储藏室刻意改为斜角，拉宽玄关通往客厅的通道，同时用拉门隐藏通往二楼的入口，制造墙面视觉延伸感。

一层

●封闭儿童房通往客浴的门，使收纳功能倍增

儿童房通往客浴的入口用实墙封闭，这样墙面就完整了，设计师顺势安排了衣柜，多了两倍的收纳空间。

二层

左 | 上 / 下

（左）释放大门旁房间的空间，改为玄关，原大门处则用玻璃砖铺陈，巧妙地引光入室。（上）空间中央设置半高电视墙，人坐在沙发上，背对墙面，更加安心。将上方的低矮大梁斜切包覆，减轻沉重的视觉感。（下）餐厅处沿窗设置高桌，满足房主想要吧台的心愿。

家庭信息 | 家庭成员：2 名大人 + 1 名小孩
面积：86 ㎡

案例 33

三人小家庭，微调格局就有开阔大空间

空间设计及图片提供｜实适设计
文｜Ruby

房主需求： 1. 希望维持三个房间的格局。2. 房主喜欢收藏马克杯，希望有能展示的空间。3. 增加主卧的收纳功能。

为了生活更便利以及孩子能有良好的就学环境，房主夫妇决定搬回老屋。老屋原来的公共领域光线非常不好，房间、卫浴都很小，期望能得到改善，然而又不想大幅变动格局。于是设计师对格局进行了微调，拆了一面墙，替换为玻璃拉门，兼顾了采光与空间感的放大；相邻卧室之间用衣柜作为轻隔断，争取了更多的可用空间。另一方面，利用色彩把家的空间与材料连接起来，让色彩不只在墙面上展现，还连接了地面及大小门板。门全部打开时是一个大空间，有前后和框景的层次。通过门的开阖，从一个空间转移到另一个空间时，虽觉得似曾相识，却又全然是不同的风景，这正是悠游于家的乐趣所在。

改造前

实墙阻挡，动线迂回

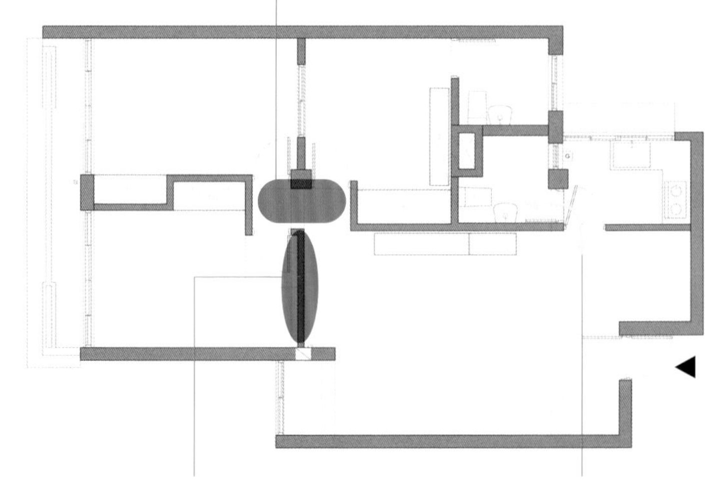

●动线汇集处空间过于浪费
老公寓的常见问题就是房间门口形成无用过道，这样的空间通常也阴暗无光。

●因实墙阻挡，公共领域阴暗
因原卧室实墙的阻挡，导致客厅光线阴暗，白天必须开灯。

●客浴动线得穿过厨房
客用卫浴的入口被规划在厨房内，导到动线不流畅，使用更不便利。

改造后

微调格局，打造顺畅动线

● 客浴门扇挪位，变身端景墙

将客浴门移到沙发旁，利用滑门形式，通过色彩的搭配与设计，加上内部瓷砖配色，不论开阖，都能成为一道端景墙（正对居室大门，过道尽头的墙体）。

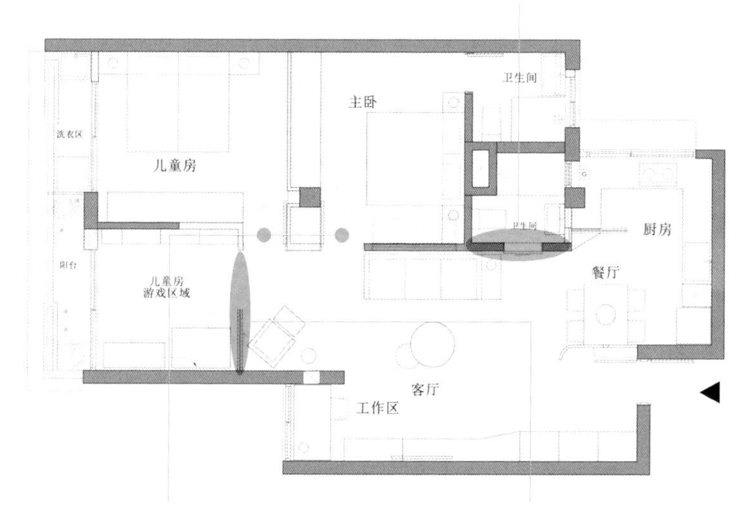

● 房门向外移，把卧室变大

主卧房门往外移动，与沙发背墙齐平，儿童房同样房门与隔墙齐平，改造无用过道，让几个房间都变大。

● 玻璃拉门透光又开阔

拆除实墙，用玻璃拉门替代，将光线充分带入公共领域，延展出宽阔的空间感。

（左）打开隔间，换上玻璃拉门，让阳光洒落屋内，极为舒适，弹性书房的前端可作为休憩角落。（中）客浴挪到沙发墙一侧，通过滑门设计与色彩搭配，加上内部瓷砖配色，不论开阖，都能成为一道端景墙。（右）以玻璃拉门阻挡油烟，能最大限度利用自然光，左侧拉出斜面，开放展示架，可展示房主收藏的马克杯。

家庭信息 | 家庭成员：2 名大人
面积：105.6 ㎡

案例

34 用贯穿设计，让家变透亮

空间设计及图片提供—Studio In2 深活生活设计
文—黄珮瑜

房主需求： 1. 人员结构简单，不需过多卧室。2. 有舒适的泡澡空间。3. 明亮方便的餐厨环境。

原始格局有三个房间，房龄虽高，但房主不希望有大的改动，因此尽量保留原格局，仅对缺失处进行调整改善。空间内隔墙太多，导致各个区域显得局促封闭，且因采光被阻隔，导致廊道阴暗。因此，设计师先拆除了厨房的短墙，增加了采光，让公共区更明亮。接着将两个卧室合二为一，规划出宽敞的浴室与衣帽间；原主卫位置则变更为琴房，并将开口改至客厅左侧，让入门景深得以延伸，再通过拆除部分墙面，让主卧、工作区与公共领域能串联成环形动线，让各功能区使用更方便。

改造前

隔间过多，压缩采光与空间感

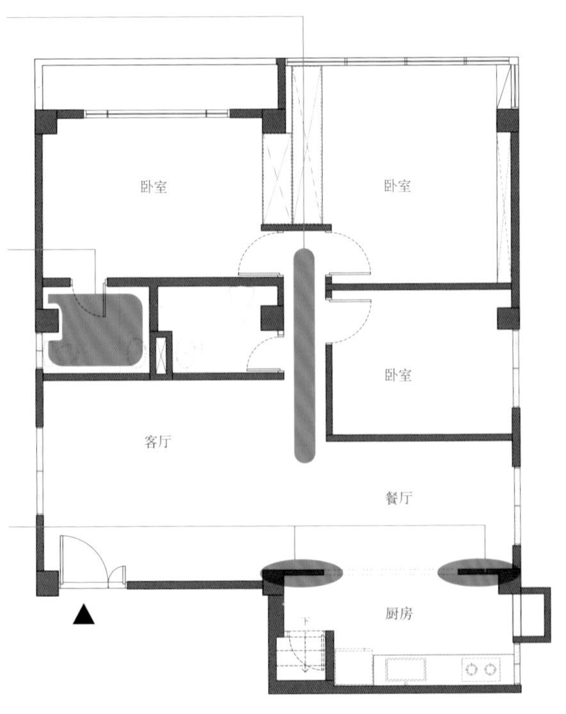

● **空间阴暗且动线曲折**
隔间墙遍布，导致各区域面积不大，且廊道阴暗狭窄，动线也变得曲折。

● **卫浴功能不符合需求**
房间数量过多，主卫尺寸小，无法干湿分离，且没有容纳浴缸的空间。

● **短墙多，破坏空间完整性**
厨房短墙过多，破坏了空间的完整性，导致空间明亮度降低，以及餐厨串联受到局限。

整合空间，活络家的气场

● 整合两房，打造舒适卫生间

将原主卧和与其对门的房间整合，使睡眠区能有独立空间。接着将原主卧 2/3 的面积变更成能容纳浴缸的干湿分离的卫浴空间，卫浴空间外缓冲地带则改为衣帽间，使主卧功能更完备。

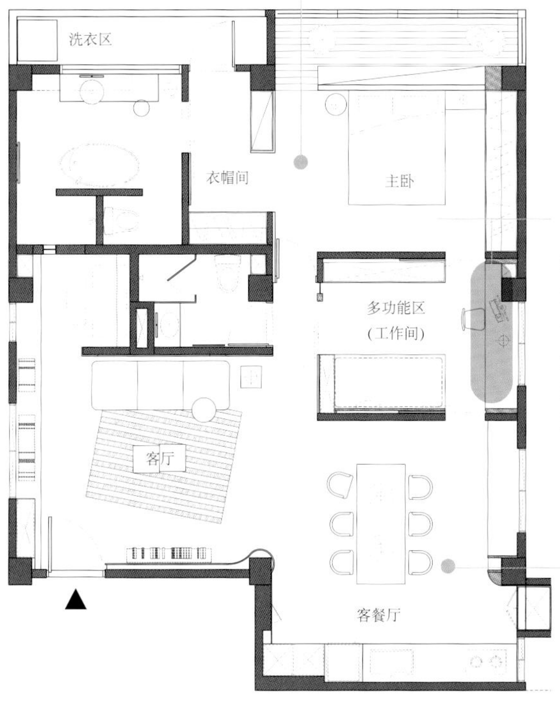

● 贯穿墙面，制造环形动线

刻意将工作室与主卧隔墙做部分拆除，形成循环动线，增加使用的便利性。双向穿引的采光增加了空间的明亮度，梁下规划出桌板，让过道也能充分发挥作用。

● 拆短墙令餐厨空间更开阔

将厨房区原本的短墙拆除，让空间变得开阔，让收纳规划与采光也能更自然地融为一体。

左 | 中 | 右

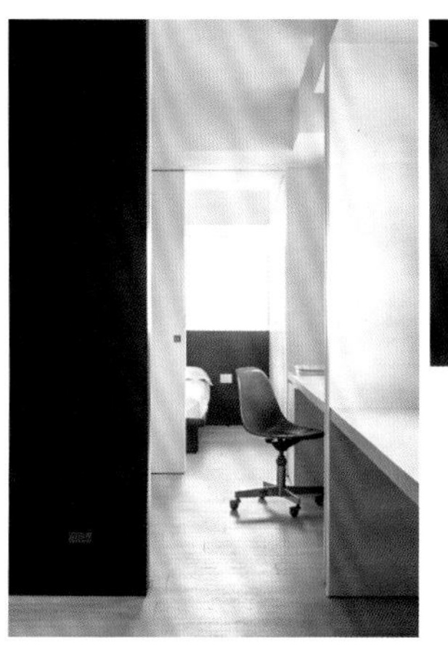

（左）拆除部分墙面，打通卧室，让整体动线更顺畅。（中）和（右）通过两房整合，不仅争取到超大卫浴空间，也增加了衣帽间。

家庭信息 | 家庭成员：2 名大人
面积：84 ㎡

案例

35 两人小公寓，打开格局，享受舒适生活空间

空间设计及图片提供｜实适设计
文｜Ruby

房主需求： 1. 想要一个独立的厨房，避免油烟飘散到室内。2. 需要一间可弹性使用的书房。3. 希望有储藏室，收纳换季家电与生活杂物。

坐落于静谧小巷内的二楼公寓，有着房主儿时的记忆，如今房主和另一半步入新婚生活，期望重新规划创造属于两人的生活记忆。设计师运用拆掉隔间、空间结合的手法，对公共区域进行整合，打造出流畅动线，创造出一个大厅区。大餐桌处可以是喝咖啡、谈天、阅读的场所，餐厅主墙则运用抢眼的蓝绿色调铺陈，一并隐藏了厨房门，并以邻近色调为客厅刷饰粉紫颜色，再配上鲜艳的黄色层板，用颜色谱写空间的独特样貌。

琐碎隔间压缩生活空间

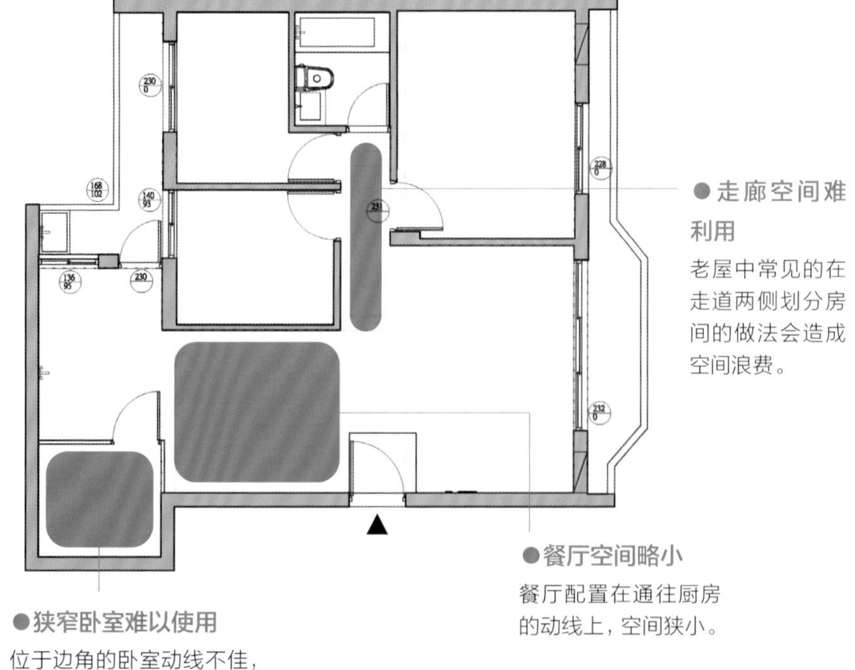

● 走廊空间难利用
老屋中常见的在走道两侧划分房间的做法会造成空间浪费。

● 餐厅空间略小
餐厅配置在通往厨房的动线上，空间狭小。

● 狭窄卧室难以使用
位于边角的卧室动线不佳，且空间过小难以使用。

改造后

开放公共区域，提高空间开阔性

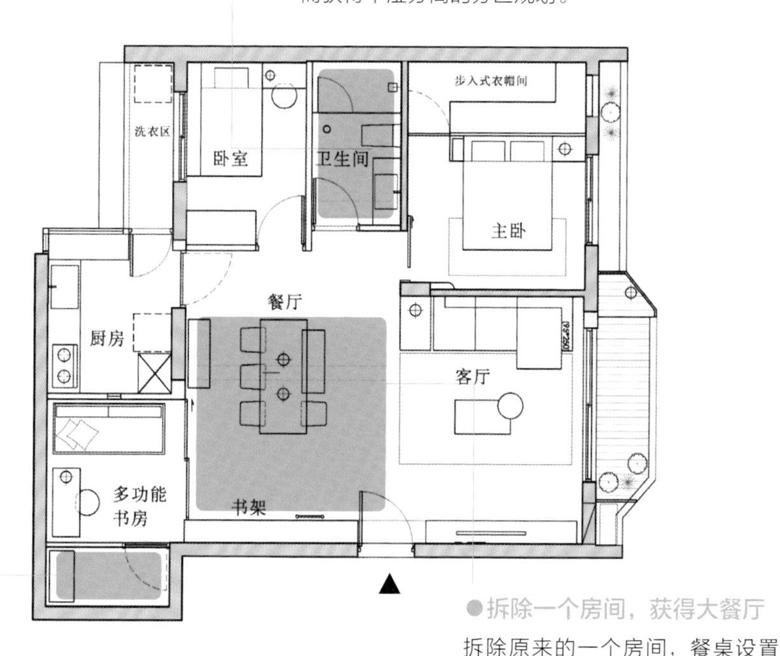

●微调格局，让廊道消失

将原来部分空间融入公共区域，卫生间也由于重新调配了比例，而获得干湿分离的分区规划。

●畸零空间化身独立储藏室

将狭小卧室的一个畸零空间规划为储藏室，可以收纳家电、生活物件，另一部分则打造为弹性书房。

●拆除一个房间，获得大餐厅

拆除原来的一个房间，餐桌设置在厨房旁，这里便形成了开阔的餐厅，可以配置六人大桌，可在此用餐、阅读、聊天。

▶通过调整格局，原本拥挤狭窄的老公寓瞬间被打开了空间尺度。

◀利用玻璃拉门间隔书房与餐厅，引进光线，且带来通透的空间感，右侧蓝绿墙面隐藏了厨房入口。

家庭信息 | 家庭成员：2 名大人 + 1 名小孩
面积：122 ㎡

案例 36

隔墙退缩、推移，巧妙变出一个房间

空间设计及图片提供—拾隅空间设计
文—喃喃

房主需求： 1. 希望可以多一个房间。2. 原空间功能不足，增强厨房功能。3. 主卧空间偏大，空间大小可做调整。

原始户型为三个房间，但房主希望隔出第四个房间。为了挪出这部分空间，且由于原主卧空间偏大，因此设计师将原来主、客卫的位置对调，利用主卧入口原来无用的过道，扩大了卫浴空间，并与次卧墙面拉齐，让立面变得平整，避免产生畸零空间；客卫则并到主卧中，并借由客卫的调整，多出可规划一个房间的空间。而原来狭长的厨房，则占用部分第四个房间的空间，并通过增加柜体增强厨房收纳功能；面向餐厅的隔墙同样予以拆除，借此扩大用餐空间，使用时不再有局促感。

改造前

空间不是过大就是过窄，无法实现空间应有功能

●主卧空间规划不当

就使用者需求来看，主卧空间过大，且在主卫入口，形成奇怪的无用畸零空间。

●狭长空间不易规划

厨房空间狭长，因此只能采用一字形规划，功能略显不足，而且也难以再增加收纳空间。

●餐厅位于动线上，很难规划

餐厅位于行走动线上，家具容易阻碍出入，为避开动线，实际可使用的空间并不大。

改造后

挪动隔墙，多了一个房间

●空间重整更合理

通过主卫与客卫对调，将原始主卫外推，利用部分畸零空间扩大卫浴空间。

●拆了隔墙，动线更灵活

面向餐厅的厨房隔墙拆除，不只空间变大，动线也变得更灵活。

●调整客卫，多了一个房间

客卫转向，占用部分主卧空间，顺势并入主卧，成为主卫，如此便多出一个房间的空间来规划出客房。

●隔墙后退，扩充厨房功能

厨房位置不变，不过将部分隔墙外推，挪出空间来增加柜体，从而增强厨房收纳功能。

▶经过调整，虽然主卧空间略微变小，但仍保留了卫浴、衣帽间的功能，空间使用上反而更有效率。

◀由于厨房与餐厅间的隔墙被拆除，让出更多空间，因而可在餐厅两侧墙面安排大量收纳柜。

家庭信息 | 家庭成员：2 名大人
面积：89 ㎡

案例

37 推倒两面墙，客厅、餐厅全开放，老屋瞬间变开阔

空间设计及图片提供—方构设计
文—Eva

房主需求： 1. 老屋各空间相对狭小，希望空间变开阔。2. 房主喜欢做菜，希望厨房改为开放式设计。3. 物品少，不需要太多收纳柜。

这间 89 m² 的老房子是 3 房 2 厅的格局，厨房是封闭的，客厅、卧房、厨房每个空间都显得很小。在只有两人居住的情况下，将用不到的卧室拆除，同时破除厨房的封闭式格局，厨具也改变了方向和位置，中岛与餐桌连接，不仅增加了料理空间，还形成客厅与餐厨合一的开放式设计，视觉空间也随之放大开阔。顺着厨房的变动，阳台入口也顺势转向，进入厨房、阳台的家务动线整合在一起，原本狭窄的阳台也多了进出的空间，洗衣、晾衣不再拥挤。

改造前

多个房间太拥挤，空间又小又难住

●**主卫空间窄长，未做干湿分离**

主卫生间过于细长，卫浴门一打开就碰到坐便器，再加上洗手台在最里面，动线不顺畅，又没做干湿分离，整体很难用。

●**多出一间卧室，空间都变小了**

硬挤出三个房间，客厅、餐厅、卧房都被切得更小了。

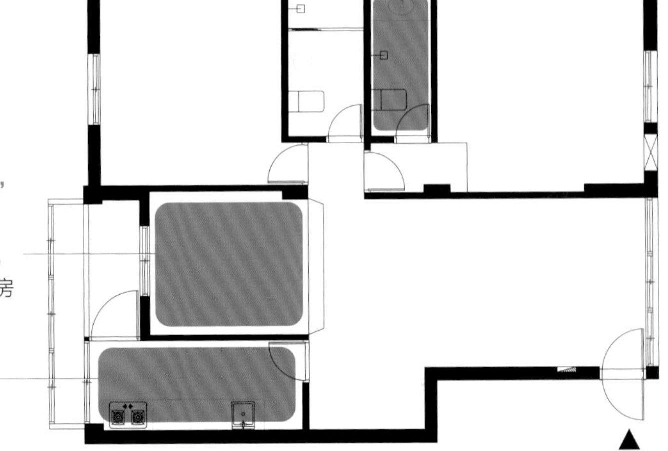

●**厨房又小又封闭**

原有厨房过于窄小，加上是封闭式的设计，与房主想边下厨边和家人交流的生活方式不符合。

改造后

没了隔间，空间开阔好舒服

●主卫缩短、拉宽，扩大洗浴空间

缩短窄长主卫，往主卧拓宽，淋浴区与洗手台对调，洗浴空间不再局促，动线也更顺畅了，同时墙面改为透光玻璃材质的，增加采光。

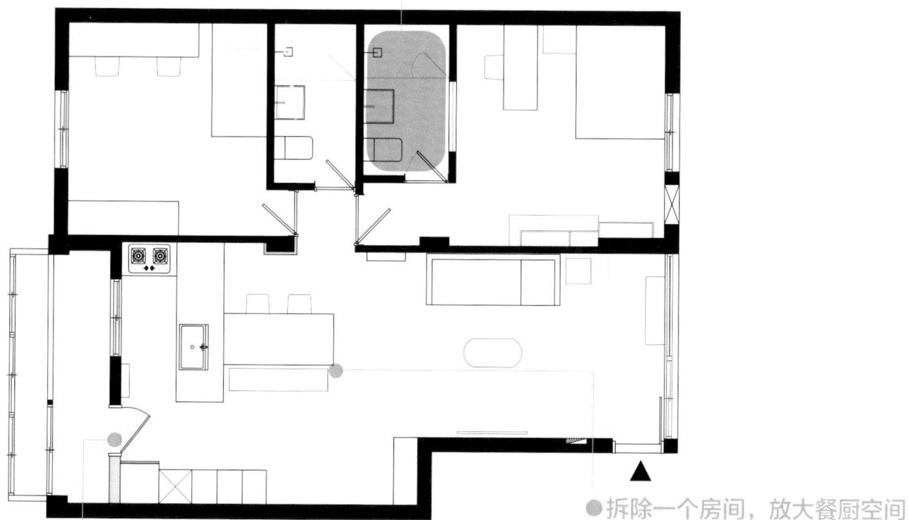

●拆除一个房间，放大餐厨空间

拆除无用卧室，将原来封闭的一字形厨房改为 L 形带中岛的厨房，并转向 90°，不仅扩大了备餐区域，面向客厅的开放式设计也能让料理的人与家人多点互动。

●阳台入口转向，串联厨房动线

又小又挤的阳台在放进洗衣机后，人在其中难以转身，于是改变阳台入口方向，既扩大了空间，又与入厨动线串联起来。

左｜上、下

（左）拆了一间卧室，重新规划了餐厨空间，还原空间纵深，整个空间都变大了。（上）视听设备收纳柜安排在侧墙，既巧妙遮掩了电箱，又避免了柜体挤占狭窄的客厅。（下）开放式餐厨设计，让喜爱下厨的房主大显身手。

案例

38 将梁柱缺点自然融入空间设计细节

文—王玉瑶
空间设计及图片提供—慧星设计

家庭信息 | 家庭成员：2 名大人 + 1 名小孩
面积：82.5 ㎡

房主需求： 1. 层高不足，希望让空间看起来高一点。2. 老屋梁柱多且粗，形成许多边角畸零空间。3. 原始收纳空间不足，需重新规划。

这栋二楼的老屋，高度只有 2.86 m，加上梁柱多又粗，产生了很多畸零空间。房主除了想改善层高外，还希望可以妥善运用这些畸零空间。设计师做出如下调整，首先将次卧入口从侧面改为正面，并将卫浴、主卧隔墙外移，拉齐墙面线条，把原来无用的走道并入卫浴和主卧使用，借此改善了两个房间空间过小的问题。其次，在进行书桌、收纳柜等的设计时，尽量沿着梁柱规划，通过木作家具的量身定制，完美利用这些小又难用的空间。过去厨房位于短墙面，导致台面过短，不好用，设计师通过转向拉长了台面，再从台面延伸出中岛吧台，可以作为互动的用餐空间。

改造前

梁柱多又粗，导致使用空间不够方正

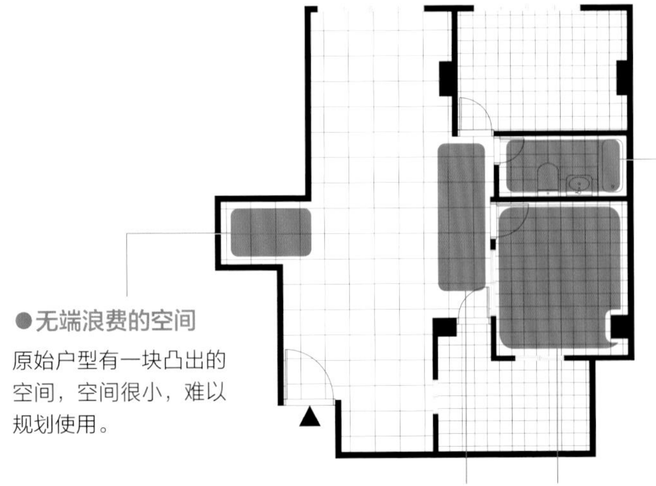

●**无端浪费的空间**
原始户型有一块凸出的空间，空间很小，难以规划使用。

●**窄小卫浴很难用**
只有一间卫浴，但又窄又小，空间局促，用起来缺乏舒适性。

●**墙面未拉齐，产生畸零空间**
由于隔墙与卫浴和另一间卧室墙面不齐，导致产生一段无法利用的空间。

●**卧房空间分配不均**
两间卧室，一间窄长一间偏方正，较为方正的卧室没有足够空间安排房主所需的主卧功能。

改造后

重整格局，妥善使用畸零空间

左｜上｜下

（左）隐藏门设计让墙面更完整，用蓝灰色搭配木皮装饰，并挑选有向上延伸效果的直纹木皮，从而拉高空间视觉高度。（上）储藏间的门使用镜面、格栅，淡化存在感，再借由镜面达到放大视觉空间的目的。（下）电视墙为半墙设计，书架用铁件打造纤细外观，既满足使用需求，也不会造成空间负担。

家庭信息 | 家庭成员：1 名大人
面积：165 ㎡

案例

39 放大楼梯尺寸，让光与风在空间中自由穿梭

空间设计及图片提供｜润泽明亮设计事务所
文｜王玉瑶

房主需求： 1. 主卧需增加收纳空间。2. 改善空气不流通及空间过于潮湿的问题。3. 希望有家人聚集活动的空间。

这间 165 m^2 的老房子格局零碎，且空间有太潮湿的问题。根据房主现在的生活需求，房间数需求不高，但希望有一个朋友、家人聚会的场所，因此公共领域的规划很重要。首先，设计师将一楼窄小的楼梯拆除，通过加大楼梯面，打开上下空间，让空气可以顺畅对流，通风效果自然变好，潮湿问题也迎刃而解。楼上的两间卧室予以保留，楼下的房间全部拆除，只留下一个可弹性使用的架高游戏室，其余空间以开放式设计统筹改造，规划成强调互动的餐厨区，为房主的家人、朋友提供了一个可以更轻松、自在活动的聚会场所。

改造前

格局封闭，空气不流通

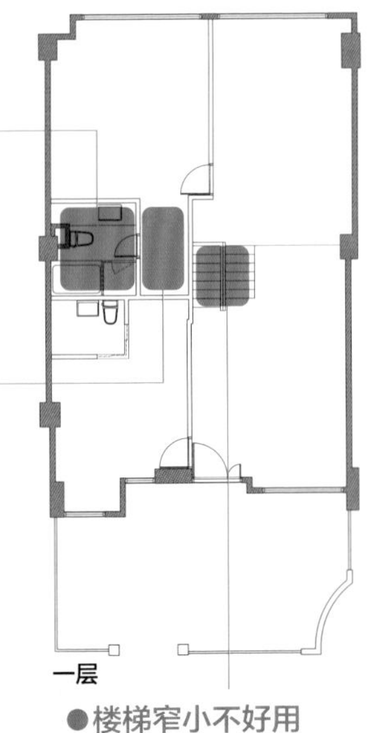

● **主卫空间偏小**
空间大小刚够塞满基本的卫浴设备，使用起来不够舒适。

● **无法利用的角落**
由于卫浴入口的关系，形成了功能单一的长形走道。

● **楼梯窄小不好用**
楼梯面宽只有约 70 cm，又窄又小，只够一人行走。

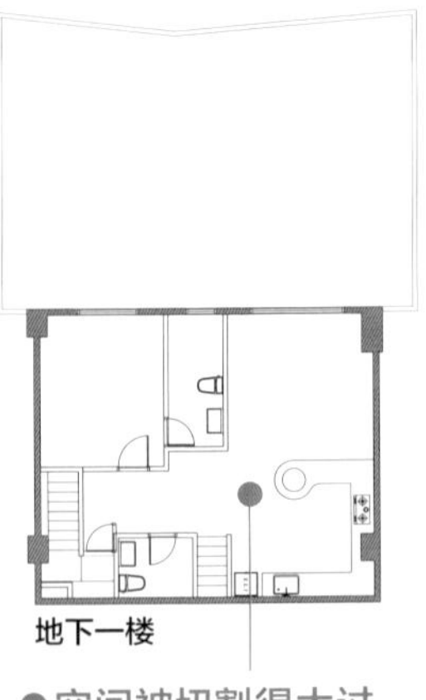

● **空间被切割得太过零碎**
因隔间太多，空间被切割得十分零碎。

改造后

根据需求，重新整合格局

●外扩空间提高主卫舒适度

主卫外扩增加空间，让动线更宽敞，使用起来比较舒适。

●入口移位，畸零空间变收纳空间

将主卫入口移位，得到完整墙面，在部分长形走道上规划了收纳功能的柜体。

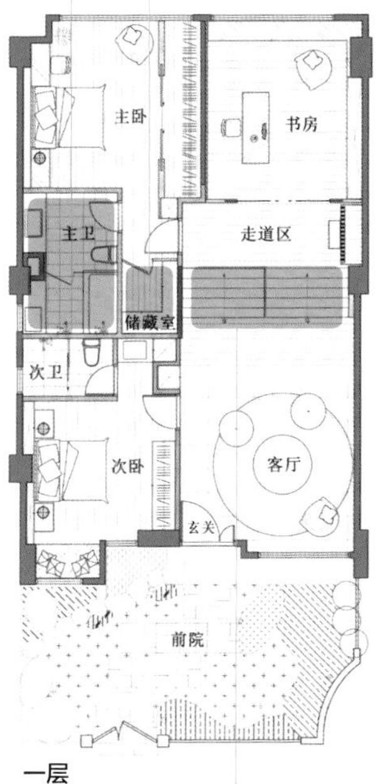

一层

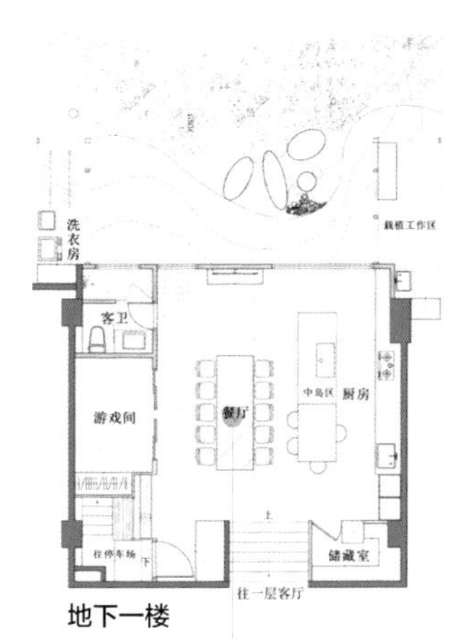

地下一楼

●拆除隔墙，重整空间

拆除隔墙，将空间重新规划成可以招待朋友聚会的开放式餐厨。

●打开楼梯面，通风变顺畅

通过加宽楼梯面，打开上下空间，让空气对流变得更顺畅。

（左）楼梯面变宽，通风和采光都得到了提升，也解决了空间过于潮湿的问题。（上）拆除隔墙后，空间没有了过去的阴暗、局促感，加上开放式餐厨设计，很适合用来招待家人、朋友。（下）改为玻璃拉门隔间，可引入光线，也能让视觉更加通透、延伸，开阔感加倍。

家庭信息 | 家庭成员：2 名大人
面积：66 ㎡

案例

40 重新规划格局，展现绝佳采光条件

空间设计及图片提供｜乘四研究所
文｜王玉瑶

房主需求： 1. 要有一间储藏室。2. 卫浴空间可两人同时使用。3. 阳台可以晾晒衣服。

三十几年的老房子，原本出租用作办公室，如今房主收回自住，为了满足未来的居家生活需求，空间需要重新规划。为了满足房主的收纳需求，设计师将玄关右侧不好利用的空间直接规划成储藏室，不只让收纳空间充足，也符合房主的习惯动线；一个房间作为主卧，另一个房间则予以拆除，规划为餐厨空间和晒衣阳台，而采光面由于少了墙面隔断，完美呈现了房子的绝佳采光条件。少了一个房间，但增加了一间可弹性使用的和室，采用四扇玻璃滑门，确保了光线通透。当门全部收在一侧时，就能展现全然开放的宽阔空间。

改造前

隔间实墙压缩采光与空间开阔感

●大空间缺少规划
原本是办公室，没有任何生活空间该有的功能。

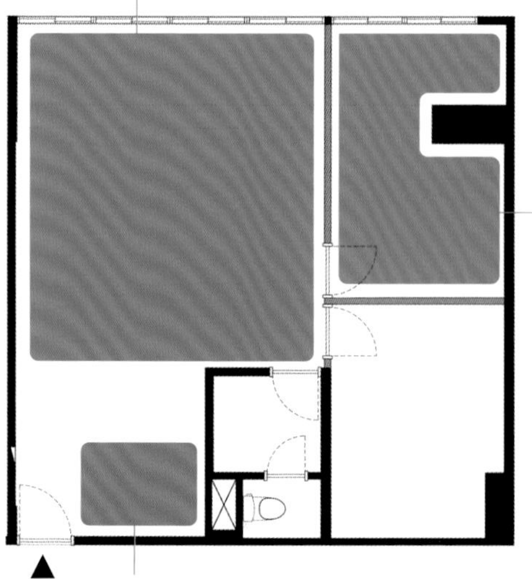

●多隔出来一个房间
根据房主只要一间主卧即可的需求，空间不需隔成两个房间。

●入口处有尴尬空间
在入口处虽有一块不小的空间，但因其位于出入动线附近，实际上并不好利用。

改造后

打开隔墙，享受绝佳采光和开阔的生活空间

●增加多功能和室

考虑到电视墙与沙发的距离，沙发确定摆放位置后，剩余空间规划成和室，让空间功能更加多样化。

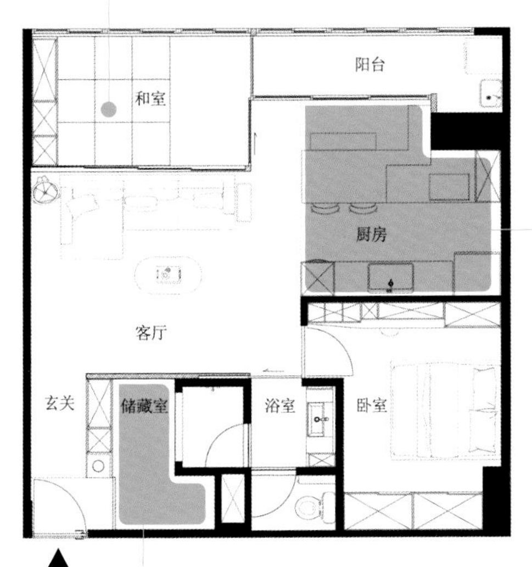

●拆除隔墙，增加采光

拆除一个房间后，将空间规划为开放式餐厨空间，空间采光效果因此加倍。

●尴尬区域变成好用的储藏室

将入口处的尴尬空间规划成步入式储藏室，而且位于出入动线附近，房主一进门就能第一时间做好收纳。

左 | 中 | 右

（左）顶天柜体采用全白色，并在中段挖空设计成平台，借此减少高柜带来的压迫感。（中）当隔墙拆除后，采光面得以串联起来，再搭配大片落地窗，令空间拥有绝佳的采光条件。（右）和室用玻璃滑门来增加空间的使用弹性，并利用架高设计，为小户型空间增添更多收纳空间。

家庭信息 | 家庭成员：2 名大人 + 2 名小孩
面积：132 ㎡

案例 41

用粉色调与透光材质，赋予老屋轻盈现代面貌

空间设计及图片提供—知域设计
文—王玉瑶

房主需求： 1. 担心油烟外溢，不要开放式厨房。2. 需要有一间工作室。3. 整平主卫地板，不要有高低落差。

这间房的格局对房主一家来说问题不大，需求也很简单，就是不要开放式厨房，且女主人因工作关系，要有一间可容纳学员的工作室。在不大动格局的前提下，设计师对邻近厨房的一个房间和厨房进行重新整合规划，厨房使用率不高，因此将其移至角落位置；考虑到学员出入的问题，工作室设定在邻近出口这一侧，而通过重新调配空间，还能留出一角，作为男主人的书房；不过由于书房空间距离采光面较远，所以隔墙采用半墙设计，并使用玻璃材质，从而引入光线。过去因主卫移位导致的主卧地板架高的问题，借由这次翻修，移回原始管线的位置，地板因此可拆除架高部位并整平，原来的卫浴空间则重新规划成衣帽间，满足收纳需求。

改造前

格局不符合使用需求

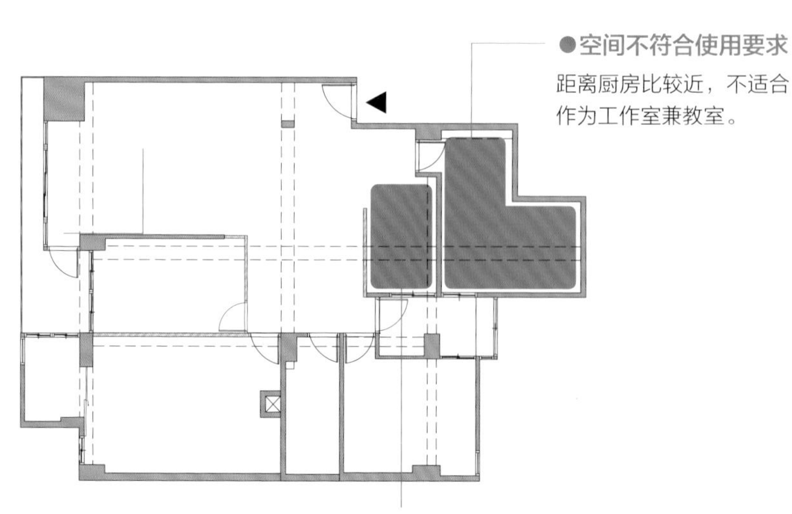

改造后

空间微调，使用变得更方便

空间调整，得到书房和工作室

对紧邻厨房的一个房间进行整合调整，得到女主人的工作室和男主人的书房。

厨房移位，改为封闭式设计

根据使用习惯，将厨房移至角落位置，并改为封闭式设计。

空间调动改变使用功能

主卫移位后，原来空间规划成衣帽间，扩充主卧收纳功能。

◀工作室兼具教室功能，因此墙面采用清透玻璃材质引入光线，同时也可增加与客厅、餐厅的互动性。

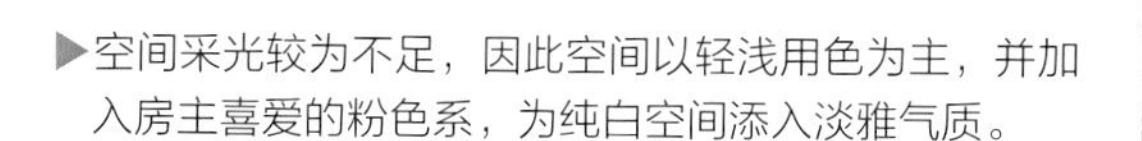

▶空间采光较为不足，因此空间以轻浅用色为主，并加入房主喜爱的粉色系，为纯白空间添入淡雅气质。

案例

42 改变隔墙位置，打造老屋方正格局

空间设计及图片提供—PHDS

文—王玉瑶

家庭信息 | 家庭成员：2 名大人 + 2 只猫
面积：82.5 ㎡

房主需求： 1. 希望尽量让空间显得开阔，让猫咪可以跑来跑去。2. 想要一个开放式厨房。3. 有可满足收纳需求的衣帽间。

这间房和常见老屋一样有着格局、采光不佳，动线过于曲折的问题，若要符合房主的居住需求，需要先从改变格局与整理动线开始。过去的格局规划，将卧室、卫浴的开口集中，形成了无用过道，也容易出现畸零空间。因此设计师通过将墙面拉齐，开口移位，让动线变得顺畅，餐厨区和卧室也因此变得更方正、好规划。另外，将书房隔墙拆除，使其与客厅、餐厨连接成公共区域，营造出开阔的空间感，而光线因为少了隔墙阻挡，可直达深处，提升了整体空间的明亮感，一扫过去老屋的阴暗印象。

空间不够方正，格局过于封闭

● 出口过于集中，造成无用空间

出口集中，产生一块无法使用的空间，也让动线变得曲折。

● 多出来的空间无法利用

虽然多出一块空间，但因开门需有回旋空间，所以除了作为过道，别无他用。

● 厨房狭小又封闭

位于角落的厨房，不只空间太小不敷使用，而且封闭式设计让狭小感更强烈。

改造后

改变隔墙位置，调成方正格局

●拆除隔墙，制造开阔感

将原来被规划成书房空间的墙面拆除，使之与客厅合并，营造出宽阔的空间感。

●改变入口，动线更合理

由于墙面的退缩与拉齐，动线变得简单直接，客卫也因而有了足够的空间，来规划完整的卫浴设备。

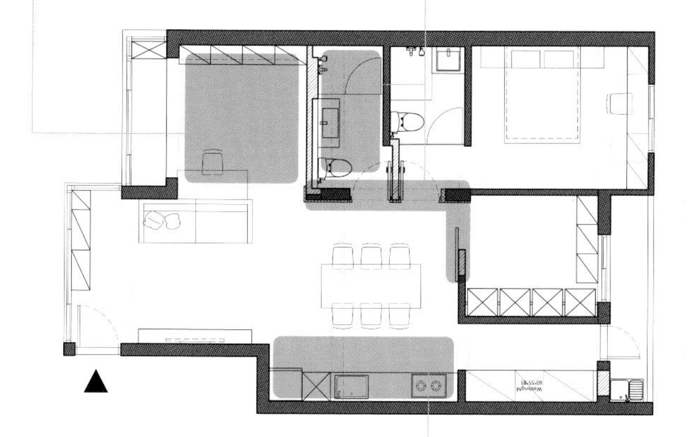

●厨房移位，强调互动

将过去封闭在小角落的厨房移出来与餐厅合并，虽仍是一字形，但使用台面有所增加，互动性也变好了。

左 | 上 / 下

（左）刻意采用隐藏门的设计，保留墙面完整性，让整体空间线条变得更利落。（上）公共区域以开放式设计串联，不只有放大空间的效果，也可确保有足够采光。（下）将厨房从封闭空间移出后，台面加长，变得更实用，女主人在烹饪的同时，也可与家人互动。

家庭信息 | 家庭成员：2 名大人 + 1 名小孩
面积：76 ㎡

案例

43 摆脱阴暗老屋印象，变身舒适明亮家居

空间设计及图片提供—都市居所
文—王玉瑶

房主需求： 1. 需要有书房作为办公空间。2. 希望有一个衣帽间。3. 改善采光问题，让空间变亮一点。

挑高 4.5 m 的老屋，因实墙隔间，导致空间封闭又阴暗。而要解决采光问题，就要先把厨房打开，通过拆除隔墙，让厨房、餐厅、玄关等获得来自后阳台的自然光；因结构问题无法移位的楼梯，则改为轻盈的铁梯来缓解空间的沉重感，再利用扶手的网状设计，让光线穿透，洒落在空间里。过去作为仓库的夹层，被重新赋予了卧室功能，剩余的开放空间则规划成书房，而由于卧室隔墙同样换成透光的长虹玻璃材质，光线不仅照亮书房，还能从上往下打亮空间，让原本阴暗的老屋洒满自然光。

改造前

实墙挡住所有采光，导致空间阴暗无光

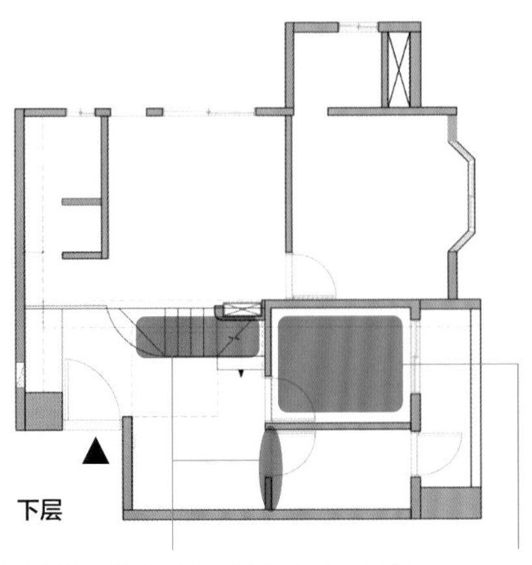

上层

● 多余空间用来堆杂物

除了隔出一个房间，剩余空间缺乏规划，只用来堆放杂物。

● 实墙、楼梯为空间带来压迫感

因厨房的实墙和木梯，使餐厅空间既阴暗，又让人感觉很有压迫感。

● 隔墙挡住光线

所有空间皆采用实墙隔间，因此采光只有单面，显得很阴暗。

改造后

打掉隔墙、更换楼梯材质，让光线没有阻碍

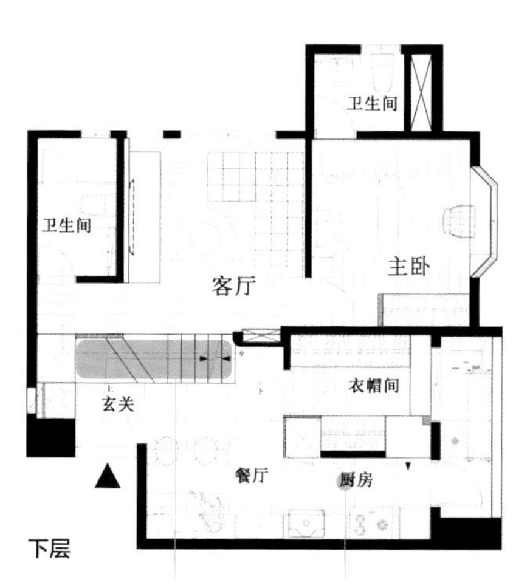

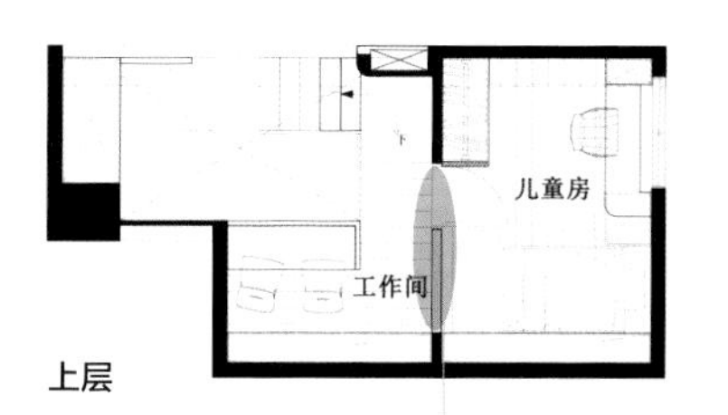

●改变材质，降低沉重感

木梯体量过于沉重，改为造型更为轻巧的铁梯，减轻重量，消除压迫感。

●拆除实墙引入光线

拆除厨房实墙，引入阳台光线，让光可以直透至玄关区。

●玻璃滑门兼顾采光

夹层的儿童房隔墙，使用光线可以穿透的长虹玻璃材质，加强空间的采光。

左 | 中 | 右

（左） 通过使用玻璃材质和半墙设计，以及通透的楼梯造型，从上层引入大量光线，让空间明亮感加倍。（中） 打掉厨房隔墙，让其变得开阔，同时还能提亮餐厅和玄关两个空间。（右） 用两级阶梯来解决玄关与客厅的高度落差，第一级延伸成平台，作为穿鞋椅使用。

家庭信息 | 家庭成员：2 名大人 + 1 只狗
面积：87.8 ㎡

案例 44

微调隔墙，改善拥挤状况，让家变得开阔又舒适

空间设计及图片提供—灰色大门设计
文—王玉瑶

房主需求： 1. 改善主卧卫浴，增加舒适度。2. 餐厅过小，希望可以变大一点。3. 增加厨房使用台面。

虽然是几十年的老屋，但在格局上不需要做太大变动，只是主卧入口处有一面隔墙，形成了一道长廊，这里需要调整。于是设计师将用处不大的隔墙拆除，改以双面柜体替代，面向走道这面是可收纳大量书籍的书墙，面向客厅一侧则采用具有原始纹理的木材作为装饰空间的沙发背景墙，中段刻意内凹，用来摆放投影机等设备，也为立面添加了视觉变化元素。由于全屋家具多为颜色较深的木纹，因此在色彩运用上，选用灰蓝色来做跳色，将同一朝向的客厅、主卧及廊道墙面皆漆上灰蓝色，完美做到视觉平衡，为承载了几十年岁月记忆的老屋打造出清新、现代的一面。

改造前

由于隔墙而形成无用走道

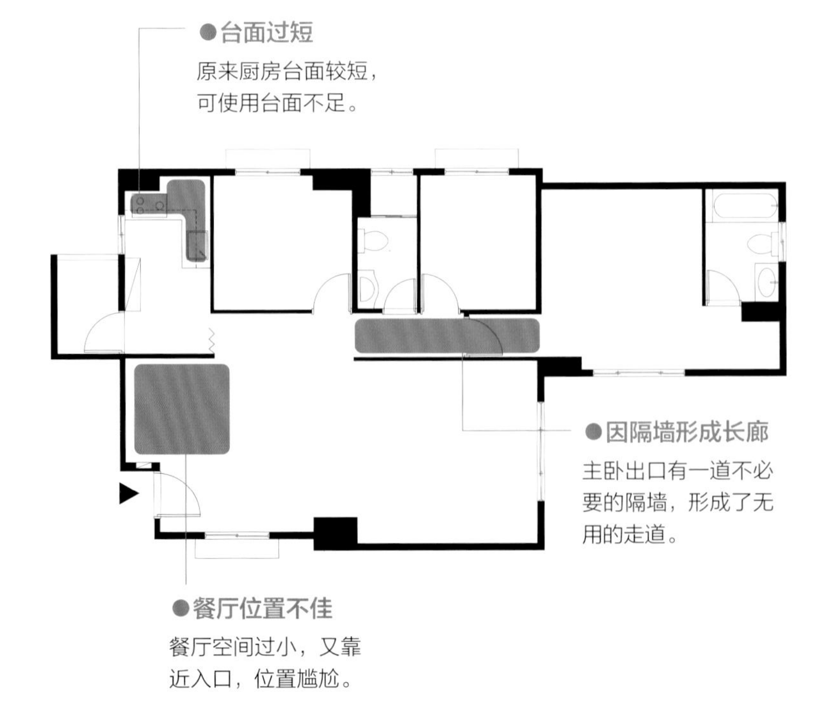

改造后

拆除隔墙，让空间可以有效利用

●延长台面，满足使用需求

将原来L形台面一直延长至入口处，增加使用台面。

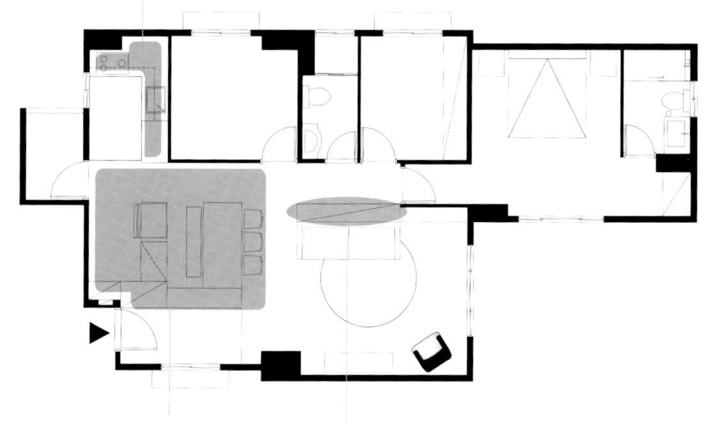

●拆除隔墙，扩大区域

拆除原来厨房与餐厅间的隔墙，将原走廊空间挪给餐厅使用，并在入口处增设柜体，适当与玄关做出分界。

●柜体替代实墙

拆除实墙，用柜体做替代，如此一来，既能保留沙发墙的功能，还能增加收纳空间。

左 | 中 | 右

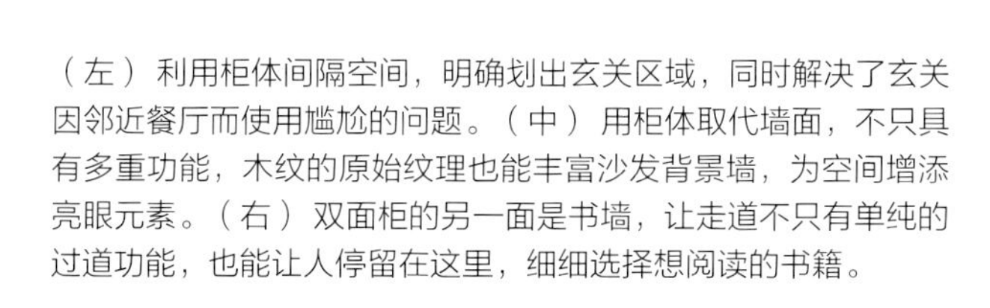

（左）利用柜体间隔空间，明确划出玄关区域，同时解决了玄关因邻近餐厅而使用尴尬的问题。（中）用柜体取代墙面，不只具有多重功能，木纹的原始纹理也能丰富沙发背景墙，为空间增添亮眼元素。（右）双面柜的另一面是书墙，让走道不只有单纯的过道功能，也能让人停留在这里，细细选择想阅读的书籍。

家庭信息 | 家庭成员：3 名大人 + 1 名小孩
面积：132 ㎡

案例

45 光线穿透玻璃隔墙，成功提亮昏暗老屋

空间设计及图片提供－成境室内装修设计有限公司
文－王玉瑶

房主需求： 1. 改善空间采光。2. 空间里尽量不要有走道。3. 另外隔出一间妈妈专用的套房。

因为只有一个采光面，又被两间卧室隔墙挡住，导致其余空间阴暗，没有光线射入。经过权衡考虑，房主决定将儿童房隔墙用透光材质取代，借此引入采光面光线；没有完整墙面做电视墙的问题，则通过使用不影响采光的半墙设计来解决。原来不实用的双卫浴，将一个并入主卧，以此来扩增主卧功能，再将客卫墙面拉齐，消除无用廊道。老屋常见的梁柱过低问题，则在规划格局时，采用拉齐线条的规划并结合柜体设计，弱化其存在感，避免产生畸零空间。另外，设计师还拉出一道隔墙，并设置了两个玄关入口，以此来确保房主一家和妈妈各自拥有独立的生活空间。

改造前

空间阴暗，采光不佳

●双卫浴设计不实用

虽有两间卫浴，但都又小又窄，使用起来不舒服，而且实用性不高。

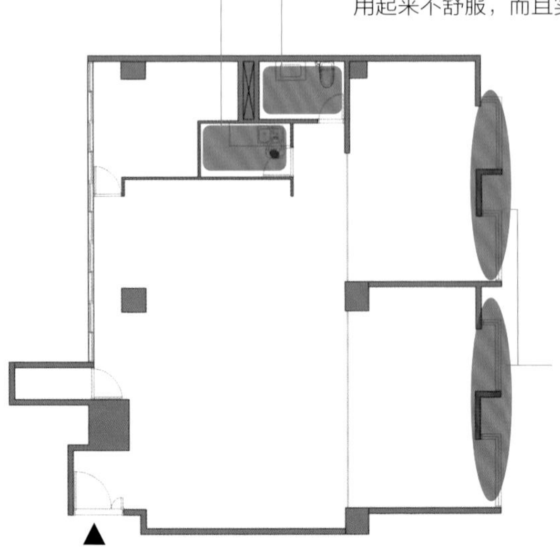

●单一采光面被挡住

全室唯一的采光面，被两间卧室隔墙挡住，没有任何采光的空间相当阴暗。

改造后

透光材质让空间变通透，老屋多了自然光

●卫浴重整变好用

原来的双卫浴，通过并入主卧和空间重整的方式来提高实用性，空间的舒适性也因此得到提升。

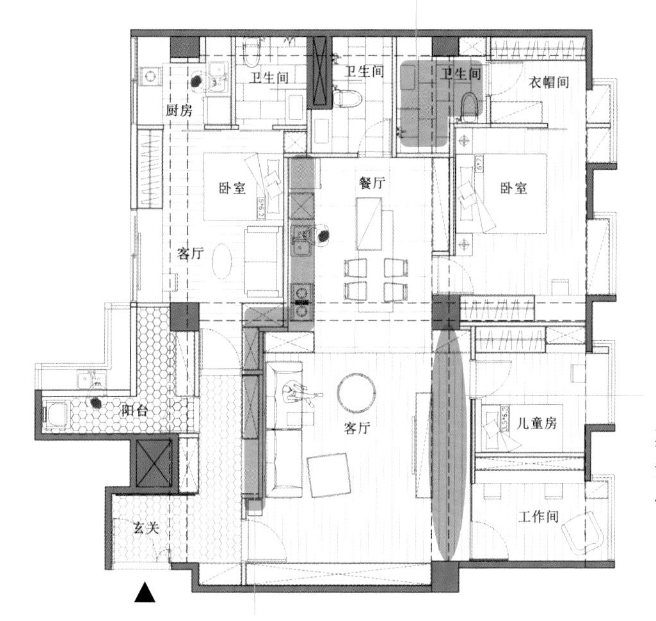

●玻璃隔墙引光入室

其中一个房间的隔墙全部改为玻璃材质的，借此引入光线。

●互不干扰的生活空间

拉出一道墙，隔出专属妈妈的空间，不只有卫浴，还有厨房，生活功能相当齐全。

左 | 中 | 右

（左）电视墙背面规划成容量充足的收纳柜，解决了空间收纳问题，保留视觉上的简洁利落。（中）通过把隔墙改造成清透玻璃材质，让光线得以洒落在生活空间，再借由大量白色来加强空间明亮感。（右）通过对天花板进行整平、刷白来拉高空间高度，而墙面梁柱则通过结合柜体设计来有效利用空间，同时拉齐立面线条。

家庭信息 | 家庭成员：2 名大人
面积：61 ㎡

案例

46 将采光面进行串联，感受光线洒落空间的美好

空间设计及图片提供—北境空间设计
文—王玉瑶

房主需求： 1. 要有一间书房。2. 厨房要封闭式的。3. 厕所太小需改善。

三十几年的老房子，采光条件很好，但因格局关系，不只客厅采光面小，远离窗户的空间更因光线无法到达而显得阴暗。为了发挥原始户型的采光优势，设计师将次卧和客厅位置对调，并通过拆除隔墙，让客厅和设定为餐厅的空间能彼此串联，形成一个宽敞、通透的公共区域。对小户型来说，空间的使用弹性很重要，因此主卧、书房皆使用滑门，通过门的开阖来改变空间大小，书房拉门则特别采用玻璃材质，让书房和客厅采光面连贯起来，展现房屋采光优势，不论在哪个角落，都能享受到自然光源。

改造前

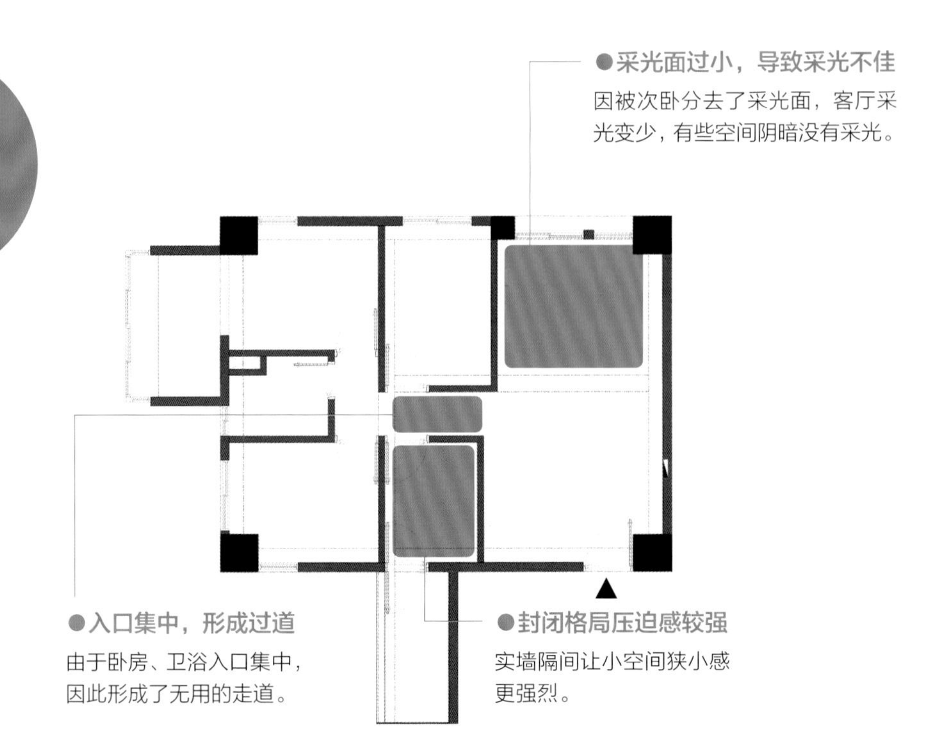

改造后

串联采光面，提亮、放大空间

●卫浴外扩，拉齐墙面

次卧移除之后，顺势将卫浴外扩，增加空间，借此提高使用舒适度，同时拉齐墙面线条，形成利落的立面。

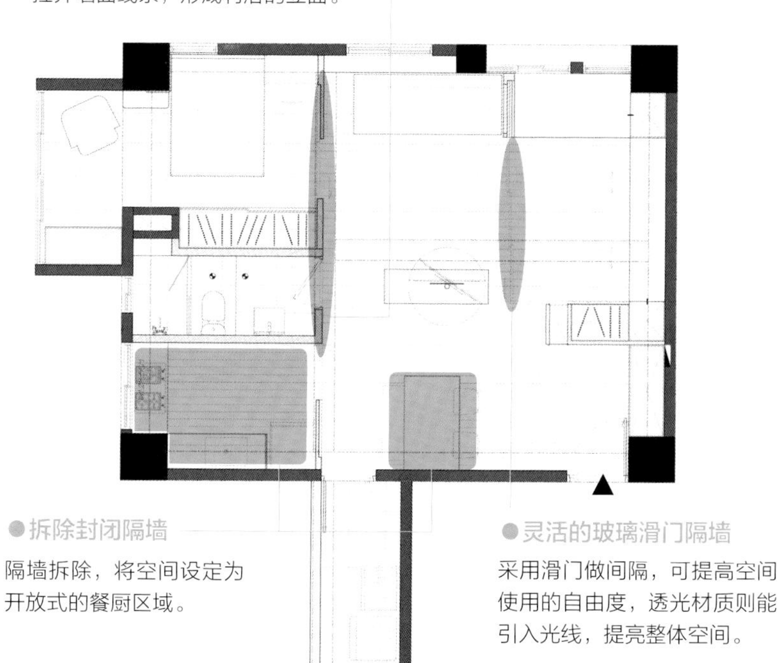

●拆除封闭隔墙

隔墙拆除，将空间设定为开放式的餐厨区域。

●灵活的玻璃滑门隔墙

采用滑门做间隔，可提高空间使用的自由度，透光材质则能引入光线，提亮整体空间。

左 上 下

（左）利用玻璃滑门增加采光，当滑门全部收在一侧时，公共领域瞬间被放大。（上）使用旋转电视支撑柱可维持空间开阔感，同时也方便房主根据所处位置转动电视机。（下）书房窗边设有卧榻，当客厅座位不足时，将滑门收在一侧，客厅瞬间变大，而书房卧榻也转变成客厅座椅。

3 依据生活方式，量身定制专属格局

当家庭结构从三代或两代同堂转变为更纯粹的个人、夫妻或小家庭时，其居家生活方式也从以往必须互相妥协，转向更个性化与人性化的设计。因此，量身定制的专属格局不再是梦想，无论你是单身一族、亲子之家，还是以宠物为重心的房主，都可以依据自己的生活形态与轨迹，规划格局，创造出最有自己味道的家。

设计原则 1

当厨房成为全家生活重心

平常工作忙碌、紧张，唯有全家共聚享受美食的时候才可以稍稍慰藉疲惫的心灵。为了让家人共同进餐时拥有更舒适、欢乐的环境，也让料理者能有更开放且便于与家人亲密互动的空间，就决定将厨房作为全家生活的重心吧！相信这是不少人的心声。

▲以中岛型大餐厨空间为中心，搭配开放式客厅与沙发区，让公共区域连成一气，满足一家三代同堂互动的生活需求。（空间设计及图片提供：一它设计）

事实上，把厨房当成全家生活重心的族群不拘于年轻家庭或特定年龄层，而是受很多爱下厨的房主推崇，无论是小家庭、老年人还是单身一族都可选用。但针对不同家庭，也有不一样的设计重点，原则上会将厨房规划成开放式的，因此建议中式烹饪习惯的家庭另辟一处热炒区，再将轻食型厨房与公共空间做合并设计。

要想让厨房成为全家人的生活重心，少不了的就是围桌聊天的热闹感。因此通常选定以大餐桌、厨房吧台或中岛为居家核心区，厨房、客厅或书房则如卫星环绕，让全家都可自由进出厨房，帮忙择菜、收拾碗盘，或与料理者聊聊天。

◀将不大的一字形厨房做开放式设计，工作台面与餐桌区连接，再加上无隔阂的客厅，就形成了三角形互动的完美关系。（空间设计及图片提供：尔声空间设计）

设计原则

2 重视人际互动的生活布局

以孩子为家庭生活重心的父母，假日时光要在家中陪伴孩子；热情好客的房主，休息时常邀朋友来家中做客。对这些房主来说，家不只要具有供人休息的功能，还要有足够的娱乐性。

▲客厅、餐厨与卧房全然开放，还原开阔视野，增加亲子陪伴空间，也方便作为招待朋友的空间。（空间设计及图片提供：方构设计）

这类家庭格局上还是以开放式规划为主，房主可以依据自己的兴趣来具体设计，例如喜欢视听娱乐的房主可以在客厅配置大荧幕与高级影音设备，再搭配可多人共坐的大沙发，或者可席地而坐的卧榻式座区设计，朋友来得再多也不必担心坐不开。

如果房主是爱好运动的类型，则可在家中规划如攀岩墙、吊环等健身设备，在家也可以随时运动，不无聊。喜欢阅读的房主可规划开放式大书房或者开放式客厅、餐厅，让孩子培养阅读习惯，别忘了在周边配置父母陪读的座区，增进亲子互动性。美食型房主则可将重心放在厨房，并在厨房内增加咖啡机、酒柜、烤箱等设备，无论是和孩子一起做点心，还是好友来聚会、品酒都很合适。

▶通过打开空间，并加入符合全家人共同喜好的内容，让大家自然聚集在一起，互动也更为紧密、自然。（空间设计及图片提供：福研设计）

◀借由吧台拉近与餐厅的距离，有助于主人进行备餐时能随时与客人进行互动。（空间设计及图片提供：尔声空间设计）

设计原则 3 打造个人化的专属空间

想拥有个人化空间的房主，多半是怀抱有自己的居住梦想的人，他们不想循规蹈矩，设计师唯一的设计准则就是房主的生活方式。由于此类空间居住人员结构通常较为简单，主要为单身一族或丁克家庭，因此，生活私密程度可以较为宽松一些，也就是说可以打破传统的格局束缚。例如公私领域的界线可以更为模糊，客厅与房间可采用软性或活动隔间；而卫浴与卧室也可以无隔阂地串联，将以往难以舍弃的隔墙拆除后，动线更自由，格局也更自主，可满足更专属化的个人设计。

▲身为乐高玩家的房主需要大量收纳柜，加上不想有隔间，便设计成以局部活动拉门来划分空间，当拉门敞开时，家仿佛成了一座乐高游戏工场。（空间设计及图片提供：ST design studio）

另外，专属空间可以将房主的兴趣、工作或重视的生活内容作为设计主题，并放大此空间占比。例如喜欢下厨的人可将厨房作为居家主场并扩大范围，而音乐爱好者则可规划大视听区来取代客厅，有健身习惯的人可以把和室改为运动间或瑜伽室，想纾缓压力的人则可放大卫浴区，让家中拥有专业 spa 的地方等。这些专属空间都是为满足房主而生的个人化空间。

▲已经迈入退休生活的房主，由于热爱国标舞，所以将大厅中间清空为舞池，让自己在家也可尽情舞蹈，享受人生。（空间设计及图片提供：甘纳设计）

▼由于房主是音乐爱好者，人生至乐就是在家好好欣赏音乐，所以特别采用专业音响室用的建材与收纳设计满足房主。（空间设计及图片提供：璞沃设计）

设计原则

4 猫狗也喜爱的居家场所

▲房主期望空间尽量空旷，好让猫咪奔跑玩耍，此外窗户上方也设有连接至书架的猫道，给爱猫提供充分的活动空间。（空间设计及图片提供：ST design studio）

根据相关统计，现在养宠物的家庭所占的比例逐渐增加。为了让家中的宠物能有更舒适的成长环境，愈来愈多的房主在装修房子前就跟设计师表明，要将宠物的需求纳入考量，包括它们的吃喝拉撒睡与玩乐等需求，简直比得上对孩子的重视程度。

设计养宠物家庭的家居空间首先要了解房主养的是猫、狗还是其他动物，因为不同动物习性不同，规划也会不一样，当然猫、狗还是主流。其次要了解数量，猫、狗都有领地意识，所以要让它们有自己的专属床、猫砂盆等。接下来就是游戏场设计，由于狗需要出去溜达、运动，家中不太需要特定的玩乐设施，主要就是狗窝。但是猫咪不需主人带出门，所以要帮它们准备运动设备与玩耍空间，常见的有猫跳台、猫迷宫、猫窝等，这些规划都需要房主与设计师事先讨论，以便让房主的生活功能与猫狗的需求都能获得充分的满足。

▲▶开放式格局规划，不会限制宠物的跑动范围，地面的水泥材质不怕被破坏，也能为宠物提供些许凉意。（空间设计及图片提供：PHDS）

案例 47

让猫咪尽情玩乐的简约现代猫宅

空间设计及图片提供—思维空间设计
文—王玉瑶

家庭信息 | 家庭成员：2 名大人 + 几只猫
面积：99 m²

房主需求： 1. 客厅不需要电视墙。2. 希望可以设计猫跳台。3. 要有一间储物间。

这个家除了房主两人以外，还有房主饲养的猫咪，因此除了从房主需求思考设计外，让猫咪住得舒适也是考虑重点。由于人员结构简单，格局上没有做大幅更改，而是将其中一个房间设定为书房；房主希望可以增加收纳空间，于是将书房隔墙内缩，从而让面向走道的一侧能够增加一个收纳空间。为了让猫咪可以自由奔跑，除原有隔间外，尽量维持空间的开阔，并舍弃客厅电视墙设计，以一座猫跳台取代，考量到清新、简约的空间风格，猫跳台采用全白色，在造型上也展现了现代感和利落感，可自然融入居家空间。

改造前

尴尬难用的角落，缺少采光的昏暗走道

●走道有点阴暗
因为隔墙挡住了采光面，导致走道显得阴暗。

●入口左侧产生角落空间
因入口位置的关系，在卫浴和入口之间留下了一块较难利用的角落。

改造后

注入以猫咪为重心的设计

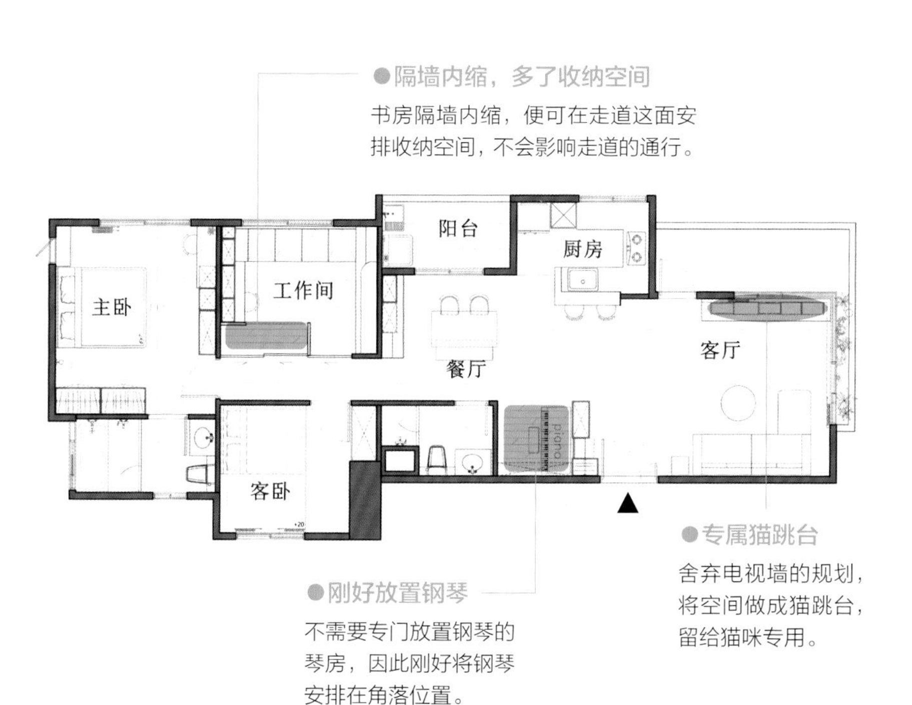

●隔墙内缩，多了收纳空间

书房隔墙内缩，便可在走道这面安排收纳空间，不会影响走道的通行。

●专属猫跳台

舍弃电视墙的规划，将空间做成猫跳台，留给猫咪专用。

●刚好放置钢琴

不需要专门放置钢琴的琴房，因此刚好将钢琴安排在角落位置。

左 | 上 / 下

（左）在采光良好的一面打造猫跳台，既能满足猫咪攀高习性，也能让它们在这里慵懒地午睡、晒太阳。（上）作为书房和猫房的空间，门改为玻璃横拉门，方便猫咪进出，光线也可透过来，照亮走道。（下）沙发背景墙设计有木质猫跳台，造型活泼有趣，同时也能与墙色相呼应。

案例

48 利用斜面设计，增加空间深度

空间设计及图片提供—知域设计
文—王玉瑶

家庭信息 | 家庭成员：2名大人
面积：76 ㎡

房主需求： 1. 希望有衣帽间。2. 想多一点收纳空间。3. 要做出玄关来间隔内外。

房主希望在延续原始格局的前提下，增加收纳空间，做出玄关，让里外有明显分隔。由于公共空间不大，若增加收纳，势必不能占据太多空间，因此玄关的两个高柜采用了斜面设计，不需要特别调整柜体尺寸，就能让出足够宽敞的出入过道，并将人的视线引导至空间对角，无形中有放大视觉空间的效果。餐厅墙面规划了收纳柜，同样采用斜面设计来获得最大空间，并借此抚平垂直锐角。空间风格则结合房主喜好，选用可让人感到沉静的灰蓝色调，结合略带奢华气息的金属元素，打造个性空间，以及治愈、解压的居家氛围。

改造前

缺少明显的里外空间分界

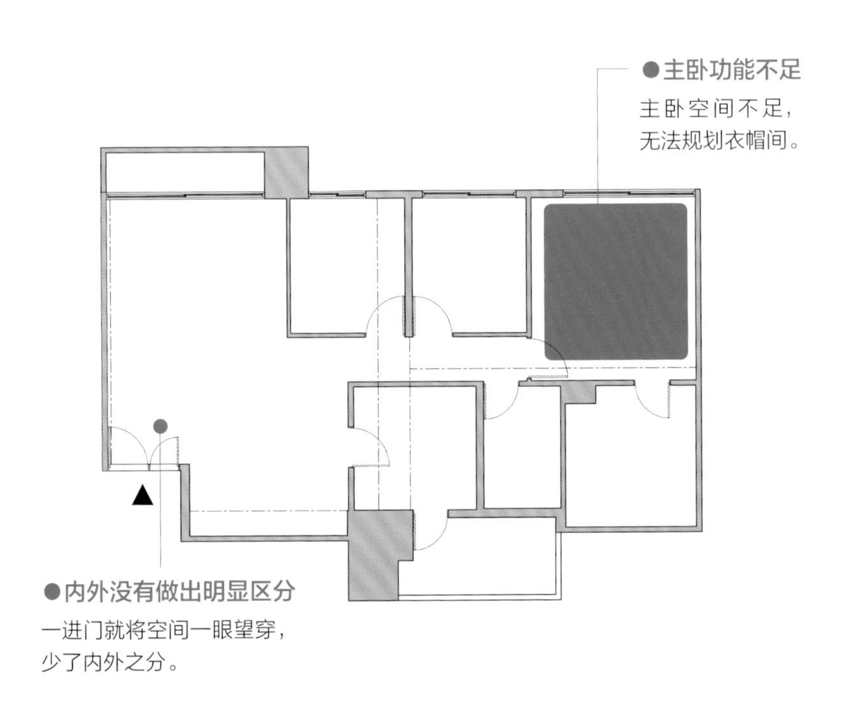

改造后

发挥斜角概念，让空间在无形中放大

●收纳柜划出玄关区域

利用柜体界定出玄关，再借由斜面引导、延伸视野深度。

●斜角设计争取空间

位于餐厅的收纳柜，刻意采用斜角设计，借此争取最大的收纳空间。

●调转床头方向，增加衣帽间

考虑到实际使用需求，在床头位置做了调整，通过缩小睡眠空间来打造衣帽间。

左｜中｜右

（左）玄关的白色高柜加入金属线条，打造柜体的时尚外形，再利用穿透设计的细节与圆弧外观，削弱高柜的厚重感。（中）将玄关收纳柜曲面线条延伸至电视墙，形成一道完整又具特色的墙面，同时也与客厅弧形天花板相呼应。（右）利用柜体圈围出玄关后，用不同的地面材质划分空间，不只维持了空间开阔感，而且能区分出里外空间。

家庭信息 | 家庭成员：2 名大人 + 1 名小孩
面积：82.5 ㎡

案例 49

打造开放式格局，满足亲友聚会互动需求

空间设计及图片提供——水一木设计公司
文——王玉瑶

房主需求：1. 空间风格让人感觉舒服、放松。**2.** 制造较为通透、没有压迫的空间感。**3.** 赋予空间使用弹性。

这间几十年的老屋，主要是房主儿子温习功课与房主招待朋友时使用，不需要遵循制式格局，房主反而希望采用有一定弹性与开放的格局，以便让空间使用更灵活。过去封闭的三个房间，保留其中一间做主卧，另一间拆除隔墙，与客厅串联成开放的大空间，并通过增设吧台、餐桌，定义为用餐区；厨房位置不动，通过调整开口位置，延长为 L 形工作台面，从而提升实用性；还有一间次卧，则采用双出口设计，形成灵活的回字动线，并通过规划滑门来满足秘密性的需求，关上门便可成为独立空间。

改造前

每个空间各自独立，缺少互动性

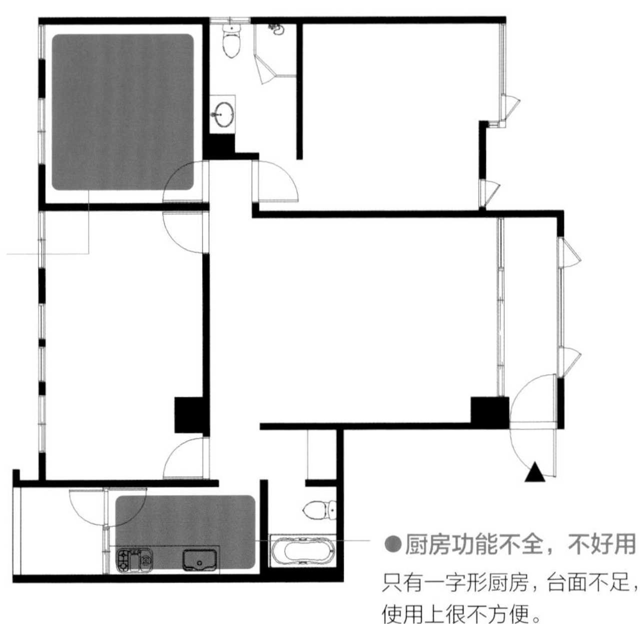

●封闭式隔间缺少使用弹性
封闭式隔间让空间缺乏互动，也少了使用弹性。

●厨房功能不全，不好用
只有一字形厨房，台面不足，使用上很不方便。

改造后

打开隔墙，打造调动空间气氛的生活动线

●灵活的回字动线

利用双开口设计创造回字动线，让行走更自由，同时安排了滑门，让空间使用变得很有弹性。

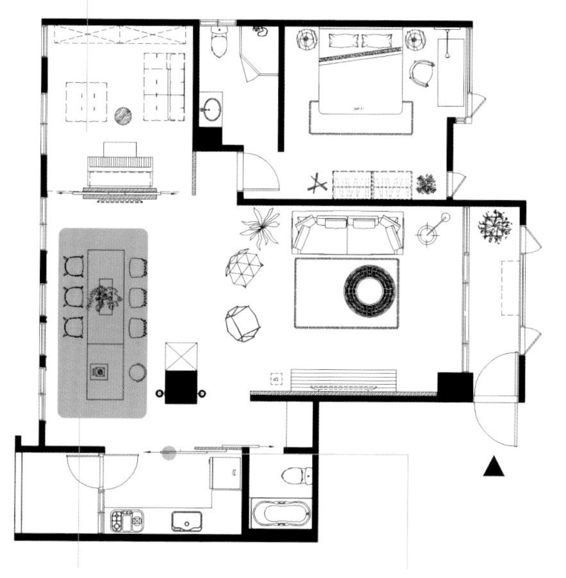

●开放式设计让空间变大

拆除隔墙后，通过开放式格局设计，让空间与客厅串联成宽敞的公共区域。

●厨房开口变动

将厨房开口略做变动，墙面更显完整，将工作台面延伸，增加厨房使用台面。

▶拆掉隔墙后，空间变得更加宽敞、通透，再借由砖墙、水泥等材质，打造有质感且质朴的空间氛围。

◀双开口设计，除了可以让动线更自由，也将光线引入客厅，可达到提亮空间的目的。

家庭信息 | 家庭成员：2 名大人 + 2 名小孩
面积：109 ㎡

案例 60

强调玩乐互动的亲子住宅

空间设计及图片提供｜福研设计
文｜王玉瑶

房主需求： 1. 想要有一个供孩子玩乐的攀岩区。2. 不想界定客厅，而是希望能够多重使用空间。3. 改善厨房的封闭感，希望将其打造成方便交流、互动的格局。

房主希望家是家人相处、交流的空间，因此设计师进行空间规划时，便以强调亲子互动为出发点。设计师将封闭式厨房打开，通过开放式设计将厨房、餐厅、客厅串联起来，形成宽敞、开阔，又能自在行走的公共区。客厅则打破常规规划，在这里，焦点不是电视墙，而是另外安排的桌面，小朋友和大人可以在此做功课或者办公。因桌面使用功能重叠，家人自然聚集在此，由此增加了彼此陪伴的时间。此外，因全家人都热爱户外活动，所以将其中一个房间规划成攀岩区，并把攀岩区的斜面设计手法延伸至整体空间，由此制造出更多视觉趣味感，也巧妙地将家人热爱的元素融入其中。

改造前

封闭式格局，不利于家人互动

●空间太狭小，使用很不便

因为卫浴空间太小，导致门和卫浴设备过于靠近，使用上相当不便。

●未能善用主卧畸零空间

因卫生间门的开口位置，且要预留走道空间，导致产生畸零空间，难以使用，而且也不好摆放橱柜。

●封闭设计，缺少互动感

厨房位于角落，加上封闭式设计，不只空间小不好用，而且无法和家人互动。

改造后

打破封闭式格局，创造亲子互动的空间

●外移让使用空间大小合理

房门和卫浴入口移位，主卫浴外扩，增加使用空间，做出干湿分离，提高舒适度。

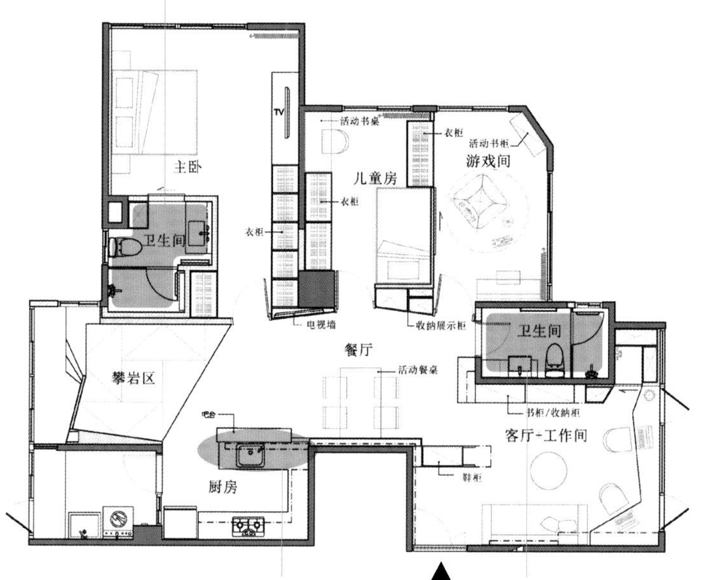

●拆除隔墙，释放厨房空间

通过拆除厨房与邻近房间的部分隔墙，增加厨房开阔感，也有利于家人间的互动。

●并入畸零空间，完善卫浴功能

把客卫入口的空间并入客卫，解决难以安排卫浴设备的问题。

左 上 下

（左）拆除隔墙并让一房退缩，增加厨房使用空间，使其成为空间视觉重心。（上）将电视墙改成收纳墙，再沿窗边规划长桌，让客厅不只是客厅，而是全家人一起使用的空间。（下）其中一个房间规划为攀岩区，通过斜面设计，丰富攀岩难度，并刻意采用桦木材质，以符合整体空间的风格。

家庭信息 | 家庭成员：2 名大人 + 2 名小孩 + 4 只狗
面积：132 ㎡

案例

01 整合空间线条，打造简洁、方正、可自由奔跑的家

空间设计及图片提供—构设计
文—喃喃

房主需求：1. 给小孩和宠物尽情跑跳的大空间。2. 空间看起来很干净，不需要复杂设计。3. 善用空间，避免畸零空间。

原始格局乍看没有太大问题，但实际使用起来却感到些许不顺畅，而且有较多畸零空间。为了有效利用空间，设计师将客卫隔墙外移，并重新规划开口，让位于主卧与卫浴前方的过道空间可被充分利用，并额外规划出储藏室。另外，将厨房和次卧的位置对调，把家人使用的公共空间集中起来，从而打造出符合一家人平时生活习惯的动线；而通过隔墙外移、空间对调与开口调整等手段，让空间线条更显方正、利落，并满足了房主想给小朋友与 4 只狗狗无拘玩耍奔跑的大空间，同时又希望空间干净、简约的期待。

改造前

格局分配与生活不符，空间浪费较多

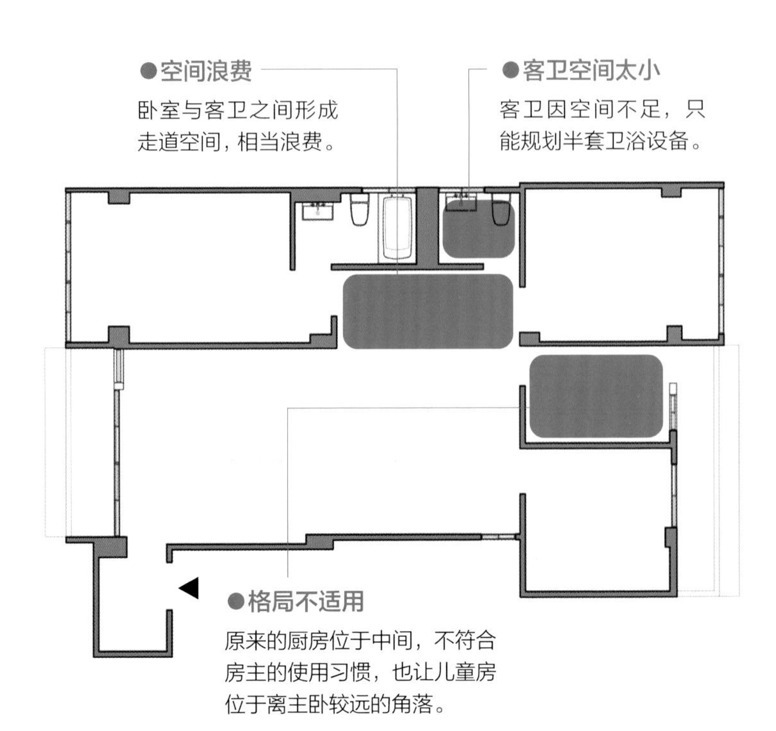

改造后

移动隔墙，让空间运用更合理

●舍弃浴缸，多了衣帽间

舍弃不实用的浴缸，将内缩释放的空间打造成衣帽间，另一边隔墙外移至原来走道的位置，因此又多了一间储藏室。

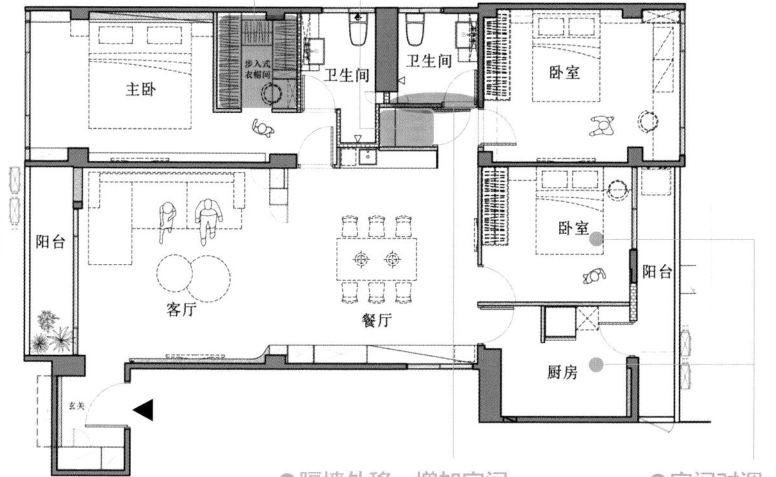

●隔墙外移，增加空间

将客卫隔墙外移，扩大使用空间，虽仍是半套卫浴，但空间变大，使用起来更舒适。

●空间对调，使用更方便

将原来的厨房与次卧位置对调，解决了儿童房位于角落，房主不易观察孩子动态的问题。

左 | 中 | 右

（左）为空间窄小的玄关量身定制了收纳柜，妥善运用畸零空间，增加了收纳功能。（中）门与房门皆采用隐形设计，借此简化线条，强调空间的利落视觉效果。（右）线条收整，视觉上变得干净，无形中有加倍放大视觉空间的效果。

家庭信息 | 家庭成员：2 名大人 + 2 名小孩
面积：72.6 ㎡

案例 52

让心爱的玩偶在家中完美地展示出来

空间设计及图片提供｜思维空间设计
文｜王玉瑶

房主需求： 1. 想要调整成三个房间的格局。2. 希望可以规划出书房。3. 要有可以收纳玩偶的地方。

原本是只有两个房间的格局，房主希望能多隔出一间儿童房，除此之外，喜欢收藏玩偶的房主也希望有可以展示并收纳它们的空间。为了满足房主的需求，设计师决定占用部分客厅空间，多隔出一间儿童房；而由于房主希望可以展示玩偶，唯一可以利用的就是电视墙位置，于是在确定收纳柜的尺寸细节后，便将整面墙用来展示收藏品，电视墙则以电视柱取代。另外，房主还想要一间书房，这个需求便以窗边卧榻作为解决方案。但由于客厅多了一间房，导致空间变小，因此不宜再做太高的柜体，以免形成空间压迫感，于是设计师将卧榻架高了 12 cm，以此做出空间界定，同时又不影响客厅的开阔感。

改造前

房间数不够，希望增加一个房间

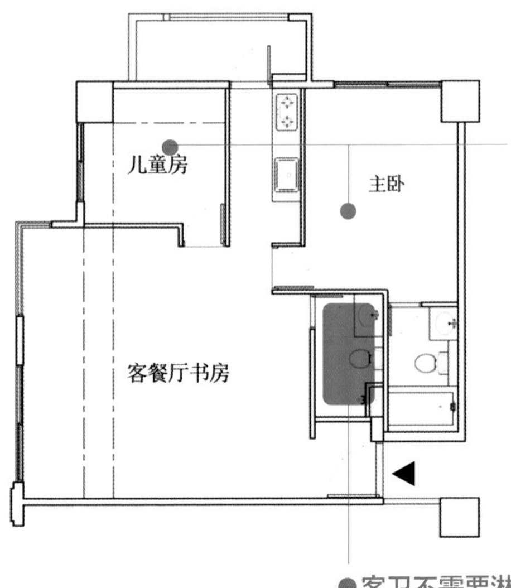

●房间数无法满足现有需求

原本为两个房间的格局，但不符合人数需求，希望再增加一个房间。

●客卫不需要淋浴区

考虑到实用性，客卫仅需设置洗手台和坐便器即可。

改造后

缩小客厅，增加儿童房

●占用部分客厅空间，多出一个房间

占用部分客厅空间，另外隔出一间儿童房。

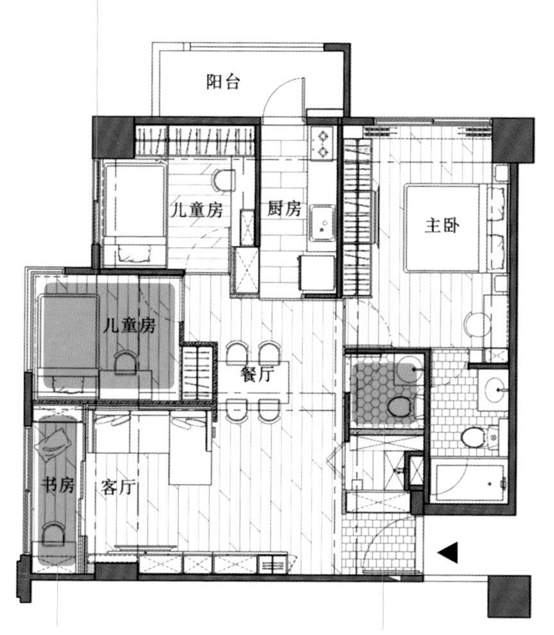

●用卧榻满足书房需求

将书房规划在窗边，并采用较为弹性的卧榻设计。

●卫浴隔墙内缩增加收纳空间

去掉原来客卫淋浴区，空间内缩后，将其余空间改为储物收纳空间。

左 上 下

（左）空间大量采用白色，借此制造大量留白，让视线可以聚焦在房主收藏的玩偶上。（上）打造玻璃拉门，玻璃材质不影响采光，而拉门则能让卧榻使用更具灵活性。（下）用隐形门设计保留墙面完整性，借此延伸视觉感，而表面的仿大理石纹理，则为空间注入了更丰富的元素。

家庭信息 | 家庭成员：2 名大人 + 1 名小孩
面积：82.5 ㎡

案例

53

以厨房为空间重心，让房主可以尽情招待朋友

空间设计及图片提供—乘四研究所
文—王玉瑶

房主需求： 1. 因为喜欢做菜，所以房主想要有中岛。2. 希望可以有玄关空间。3. 改善卫浴空间。

接手这间几十年的老房子的翻修工作后，设计师首先对公私区域做了划分，把客厅、餐厨放在楼下，楼上则为卧室。而由于只有前后采光，因此采用开放式格局规划，以减少阻挡光线的墙面，并用玄关半墙搭配玻璃窗的设计，配合旋转梯上方的天窗，加强全屋的采光。房主喜欢下厨招待朋友，因此公共区域以厨房为中心，厨房区域除了堪比专业级的厨具设备，最引人注目的便是中岛吧台，可充分满足房主在烹饪的同时招呼朋友的需求。私密区域一样拆除了全部隔墙，用家具划分睡眠区、书桌区和衣帽间，借此维持空间的开放通透感，也化解了斜天花板造成的层高不一致的问题。

改造前

隔墙过多，空间显得封闭、阴暗

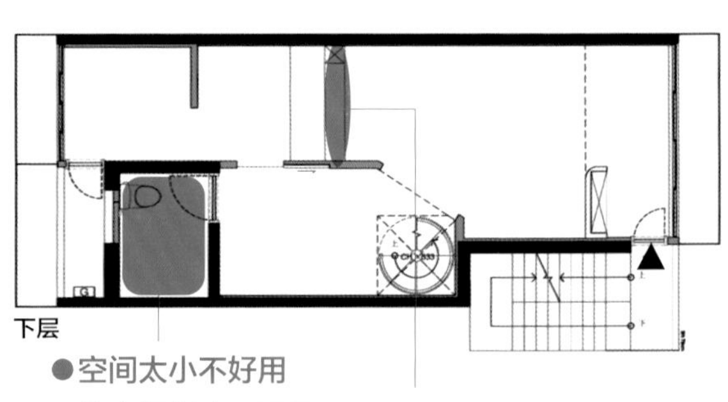

下层

●空间太小不好用

卫浴空间很小，而且坐便器位置尴尬，使用动线不顺畅。

●空间封闭、阴暗

只有前后采光，且光线被隔墙阻挡。

●格局零碎，平白浪费空间

因格局规划零碎，导致产生浪费空间的过道。

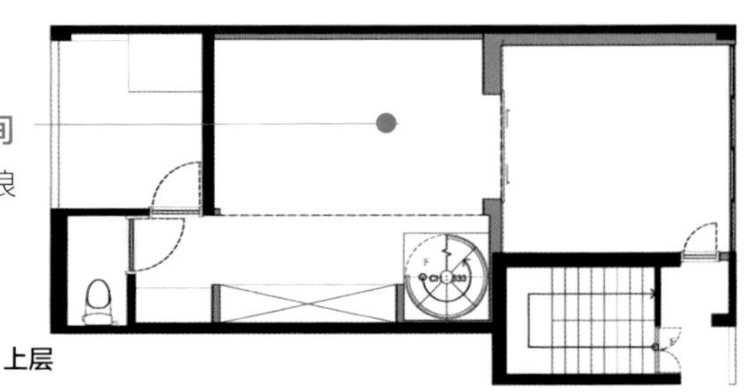

上层

改造后

打开格局，解决采光、通风的问题

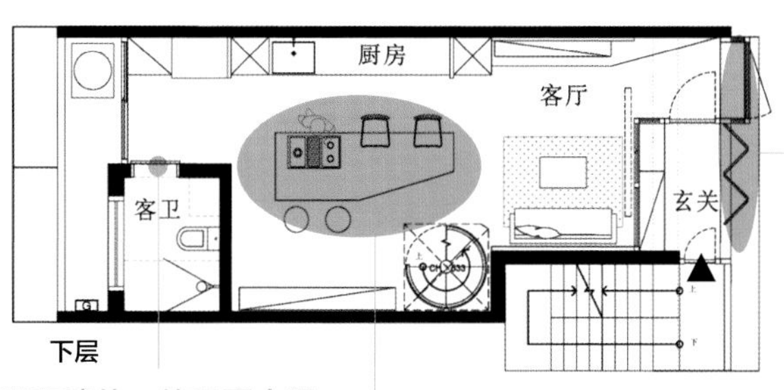

下层

●外推窗改为大面窗

前后距离较长，因此将外推窗改为大面窗，不只能改善采光，也能加强通风。

●开口移位，使用更合理

卫浴开口移位，并改为横推门，借此获得安排卫浴设备的空间。

●开放格局引入光线

采用开放式格局，避免光线被隔墙阻挡。

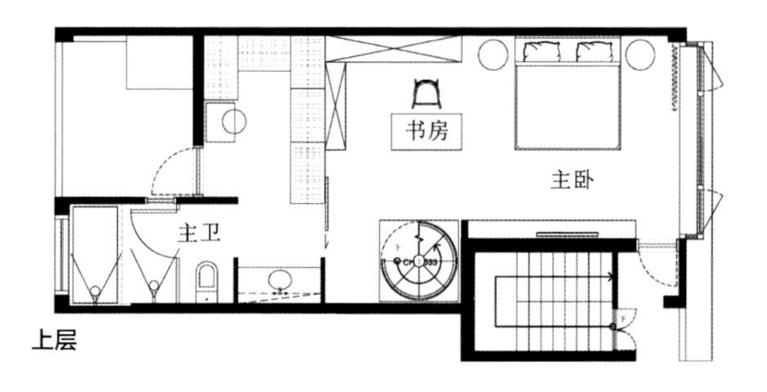

上层

左 | 上/下

（左）用大型中岛替代餐桌，便于房主和朋友、家人互动。（上）用开放式格局引入大量自然光，再利用楼梯上的天窗，加强中段空间的采光，解决了长形空间阴暗的问题。（下）光线主要来源的玄关区，外窗采用雾面玻璃，兼顾隐私性，里面则以清透玻璃来获取大量光线。

家庭信息 | 家庭成员：2 名大人 + 2 名小孩
面积：198 ㎡

案例 54

家人间没有阻碍，可自在游走、互动的开放格局

空间设计及图片提供—灰色大门设计
文—王玉瑶

房主需求： 1. 希望可以增加亲子互动空间。2. 想办法修饰不好看的楼梯。3. 提升厨房使用功能。

这是一栋三层楼的房子，全家人的主要生活区域集中在二楼，房主希望跳出制式规划，将家打造成可增加家人互动的空间。从互动性出发，设计师先在原来厨房增加了一个大中岛，除了考虑收纳等功能外，更重要的是可以兼顾房主烹饪、照看家人与互动的需求；客厅没有刻意安排沙发等家具，空间使用形式更自由，并通过规划攀岩墙、瑜伽吊床等，为小朋友提供攀岩、荡秋千等玩乐设备，靠窗处的特殊造型卧榻，是座椅也是滑梯，卧榻下方则是收纳空间。种种玩乐设计，让空间不只充满趣味性，最重要的是，家人间产生了更多互动与联系。

改造前

缺少互动的空间

●厨房背对客厅难互动

虽然没有隔墙，但 L 形厨房不便在烹饪时与客厅的人互动。

●没有利用的空间

料理台面和梁柱之间留下一个没有利用的空间，有点可惜。

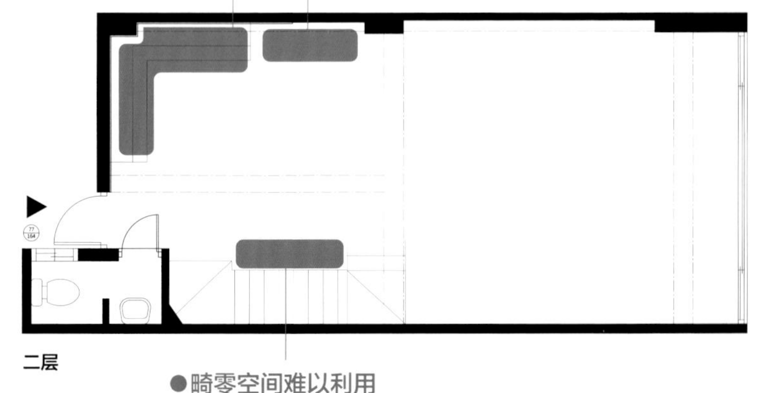

●畸零空间难以利用

因楼梯而产生的一块内凹畸零空间。

改造后

利用收纳橱柜，消除尴尬角落

●拉齐墙面做收纳

在料理台面与梁柱间的尴尬空间设置橱柜，以此来增加厨房的收纳功能，同时也拉齐了墙面，让厨房看起来更利落。

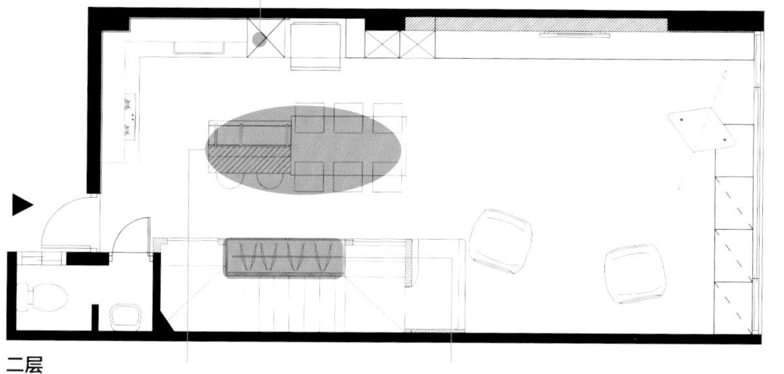

●增加中岛，加强互动性

在原来的厨房中增加一座中岛，可增加工作台面，也能转向和位于客厅的人互动。

●嵌入柜体，增加收纳

在楼梯内凹处，用收纳柜与墙面拉齐，增加收纳的同时，也让空间线条变简洁。

（左）增加一座中岛，不只是工作台面变多，也能在这里用餐，而且当女主人备餐时，可以随时照看在客厅玩耍的小朋友。（中）客厅规划有攀岩墙、瑜伽吊床，把家变成适合小朋友玩乐的空间。（右）看似平整的墙面，其实是由收纳柜和门组成的立面，除了增添收纳空间，还有掩饰不够美观的楼梯的目的。

家庭信息 | 家庭成员：1 名大人
面积：76 ㎡

案例

55 围绕房主儿时记忆的质朴单身住宅

空间设计及图片提供—创境国际室内装修有限公司
文—王玉瑶

房主需求： 1. 需要一间衣帽间。2. 不需要三个房间，留下主卧即可。3. 将房主小时候的回忆融入设计中。

房主单身一人，房间仅需主卧，因此将主卧移至角落次卧的位置，并将原来紧邻的两个房间都予以拆除，如此一来，便可获得最大面积的窗景，也解决了客厅过小，使用上太过局促的问题。次卧空间偏小，所以并入部分原始主卧的空间，得以重新规划出主卫动线，并增加了一间衣帽间，完善了主卧应有的功能。虽说只有一个人住，但考虑到招待朋友等需求，将一字形厨房台面延伸成 L 形，并结合餐桌功能，提升实用性。材质上选用红砖、压花玻璃等复古元素，回应房主儿时回忆；另外搭配简约用色，巧妙融合了过去与现代的色彩，展现专属于房主的居家风格。

改造前

空间格局太零碎

●**隔成三个房间，空间偏小不好用**
住宅面积不大，被隔成三个房间，每个房间的空间都不大。

●**空间很局促**
由于隔出三个房间，压缩了客厅的空间，再放进家具，会显得太过拥挤。

●**厨房位于角落，空间太小**
厨房位置在边角，远离主要生活区，且一字形设计让使用空间太少。

改造后

整合零碎格局，放大空间视觉感

●并入主卧，增加衣帽间

部分空间并进主卧，增加衣帽间，也让前往主卫的动线变得合理。

●开放空间让窗景连贯

通过拆除两个房间，展现空间拥有的绝佳采光条件，同时也扩大了公共区域，化解了空间过小的问题。

●一字形厨房延长成 L 形

一字形厨房实用性低，因此改为设备更为齐全的 L 形厨房，台面末端可作为用餐区。

左 | 中 | 右

（左） 相较于原始的一字形厨房，L 形厨房设备、收纳更加齐全，而大理石材质的中岛，也让空间更显大气。（中） 空间被打开之后，窗景得以连贯，除了可以享受大量自然光线，视觉上也能从室内延伸到室外，提升空间开阔的感受。（右） 主卧隔墙用铁件结合压花玻璃，形成墙面装饰元素，同时也能借由玻璃的通透特性，让空间更为明亮。

案例

56 从房主生活出发，定制专属的独特生活空间

空间设计及图片提供｜ST design studio
文｜喃喃

家庭信息｜家庭成员：2 名大人
面积：49.5 ㎡

房主需求：1. 希望摆脱房与门的制式设计。2. 需要可容纳大量衣物的衣柜或衣帽间。3. 生活动线可以四通八达，不受限制。

拥有建筑专业背景的房主，对空间有着独特的想法，想摆脱制式门墙的概念，打造灵活有弹性的动线，同时还要为大量衣物定制收纳柜。于是设计师将所有隔墙拆除，在空间正中央用桦木合板打造了方形柜体，并赋予其衣帽间和收纳等功能，再通过滑门的开阖串联制造出更多弹性动线。方形柜体成了视觉焦点，因此空间用大量留白来配合原生材质，令空间呈现简约而不失温度的视觉效果。

改造前

常规空间规划，呆板无趣，不符合房主需求

●**制式规划显得无趣**

与房主想摆脱一般空间规划、无拘束地游走于空间的期待不符。

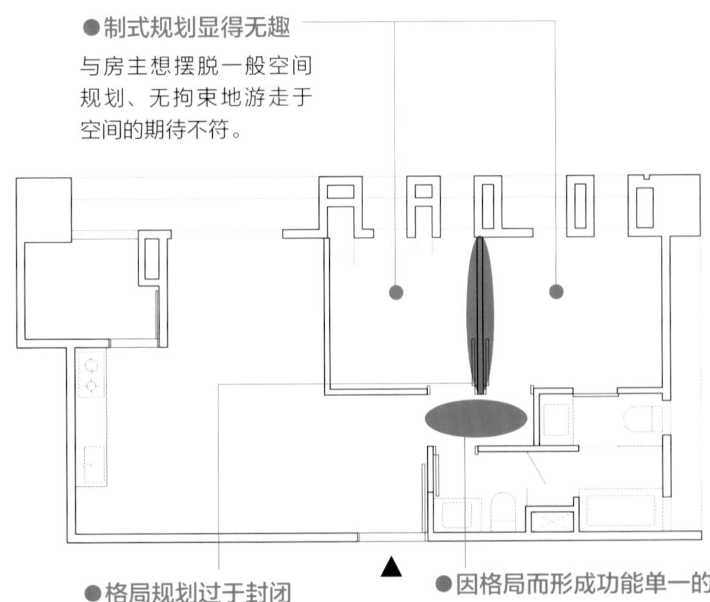

●**格局规划过于封闭**

原来的两房都用隔墙隔开独立，虽然每间房都有开窗，但整体空间略显封闭。

●**因格局而形成功能单一的空间**

因格局产生的过渡空间，除走道功能外别无他用，很浪费。

改造后

破除隔间思维，创造动线流畅的新格局

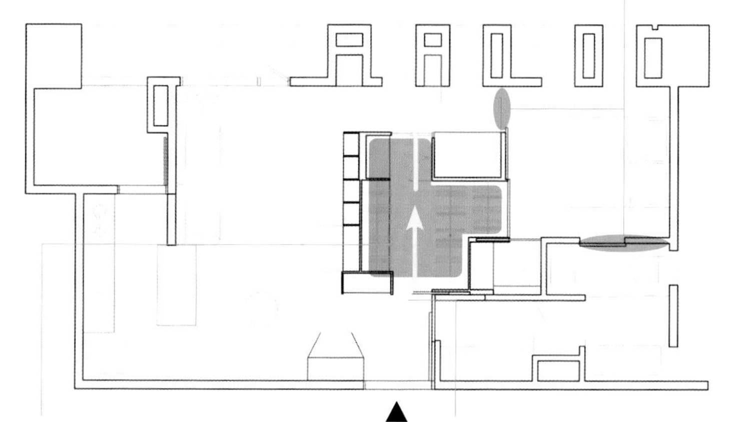

●滑门取代墙面

拉门容易形成无用的过道空间，因此改用滑门，可避免产生畸零角落，空间使用上也更具弹性。

●独立衣帽间解决收纳问题

房主有大量衣物，设计师规划了衣帽间来满足收纳需求，除了收纳量充足，使用动线也很顺畅。

●用滑门打造灵活动线

利用滑门的弹性特质，让房主可以随性游走在各个空间，就算生活步调不同的人，也不会影响彼此的作息。

左｜中｜右

（左）面向窗户采光面的门，选用通透玻璃材质，确保光线不受阻碍，维持空间良好采光。（中）用滑门取代制式门，更节省空间，也让空间与动线产生更多灵活变化。（右）桦木合板的方形柜体，面向客厅面为收纳墙，以展示区与封闭收纳区结合的方式，丰富其使用功能。

家庭信息 | 家庭成员：1 名大人
面积：79 ㎡

案例 57

用玻璃隔断引光，展示收纳

文—黄珮瑜
空间设计及图片提供—甘纳设计

房主需求：1. 充足又好拿取的收纳。**2.** 明亮又宽敞的空间感。**3.** 宽敞又方便的餐厨区。

对于有大量储物需求的房主而言，隔间过多不仅让住宅昏暗，也不利于收纳规划。通过拆除实墙，让区域面积完整且好利用，而截短墙面的手法，则可以让动线收敛、整齐。为确保光线能够进入全屋中央，改用强化玻璃与白色铁件共构墙面，一举满足采光、收纳与结构支撑的需求。而整合后的空间，让原本封闭、功能缺漏的餐厨得以改进。开放式格柜墙，再加上玻璃的通透效果，不论衣服还是摆饰，都成为居家中的一道风景线，让家更显迷人。

改造前

室内阴暗，餐厨功能不足

●**采光分散且受阻**

采光窗分布在住宅北侧及西侧，但都被隔间阻挡，导致室内部分空间十分阴暗。

●**隔间多又小**

隔间过多，每个房间面积都很小，造成使用不便和廊道狭窄的窘境。

●**厨房封闭又窄小**

厨房窄长封闭，工作动线不顺畅，且缺乏餐桌空间，餐厨功能明显不足。

改造后

截墙引光，优化生活功能

●整合动线并确保采光

截短墙面后，主卧用布帘调整光线、确保隐私，还与一字形衣帽间做动线整合。贯通后的衣帽间因保留两个对外窗，保证了空间的通风与采光。

●截墙后借助玻璃引光

拆除相邻的隔墙后，改用柜体替代，增加了收纳空间，同时拆除部分墙面，改用铁件与强化玻璃；既可引光入室，破除阴暗，也能拓宽廊道，争取更宽敞的用餐空间。

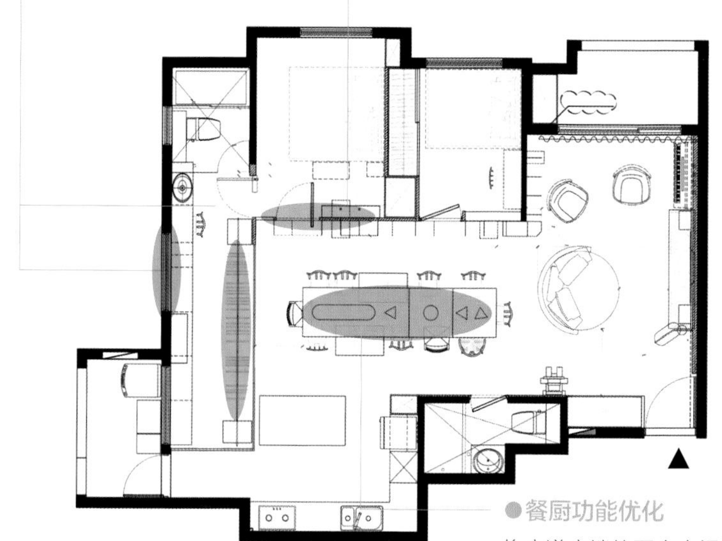

●餐厨功能优化

将廊道底端的两个房间打通，缩减整合成超大衣帽间。外墙用玻璃搭配大面积的铁板，增加通透性。调整后的空间改为开放式厨房，不仅增加了中岛，也让长桌设置更显从容。

左 上 下

（左）玻璃隔断与铁件格柜的搭配，同时满足了采光跟收纳的需求。（上）用截短墙面的手法，让空间配置更加精确，动线也更利落。（下）整合次卧后，动线更流畅，餐厨功能也得到升级。

家庭信息 | 家庭成员：2 名大人
面积：82.5 ㎡

案例

58 咖啡品酒生活家，通透隔间打造随处展示的好品位

空间设计及图片提供—实适设计
文—Ruby

房主需求： 1. 喜欢手冲咖啡，希望有一间咖啡室。2. 喜爱收藏威士忌，也喜爱品酒，需要红酒柜等设备。3. 想要宽敞舒适的卫浴空间。

挑高三四米的复层住宅，原来被隔出了三个房间，虽然拥有两间卫浴，但都十分狭窄，使用起来非常不舒服。另外，楼梯动线也不佳，浪费空间，厨房同样面临空间小且缺乏收纳空间的问题。设计师一一考虑房主的需求，首先将楼梯动线做了调整，上楼部分维持不变，拆除楼梯旁原有的隔墙，让下楼阶梯往玄关方向移动，与阳台入口形成顺畅的一字形动线。下层空间重新配置，厨房向另一侧墙面移动倚靠，相邻房间更改为咖啡室，厨房的动线同样也进行了调整，与餐厅动线整合，彻底发挥其使用效率，整个住宅也因为隔间的拆除和楼梯的移动，而变得通透、宽阔许多。

改造前

隔间零碎，楼梯动线不佳

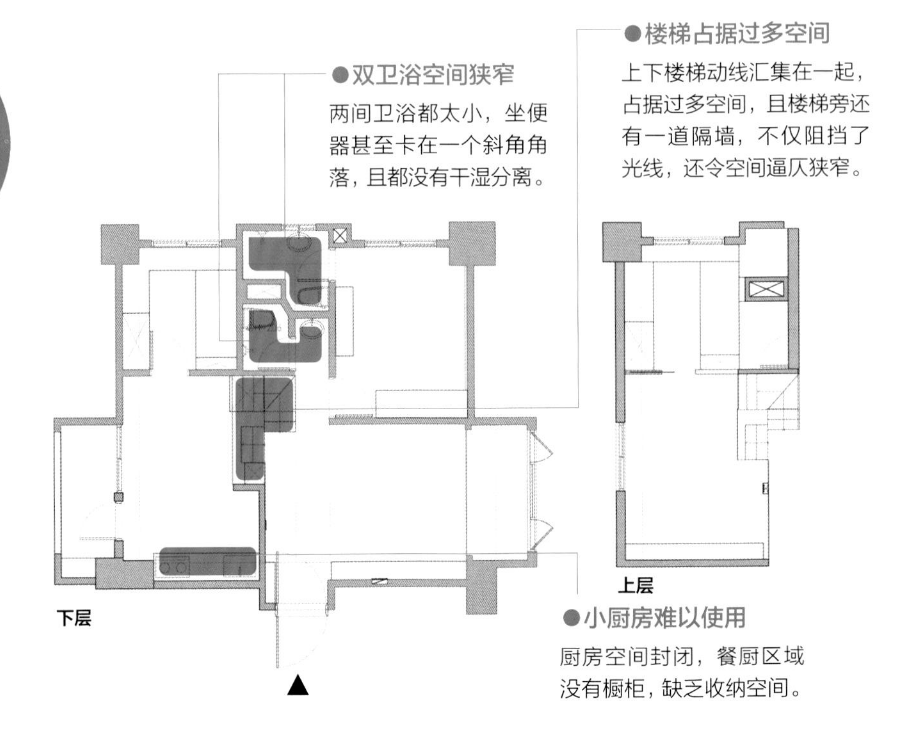

改造后

卫浴、厨房重整，更符合生活模式

● 合并空间，打造四分式卫浴

将两间卫浴空间打通，获得可完整配置四分式卫浴的舒适空间。

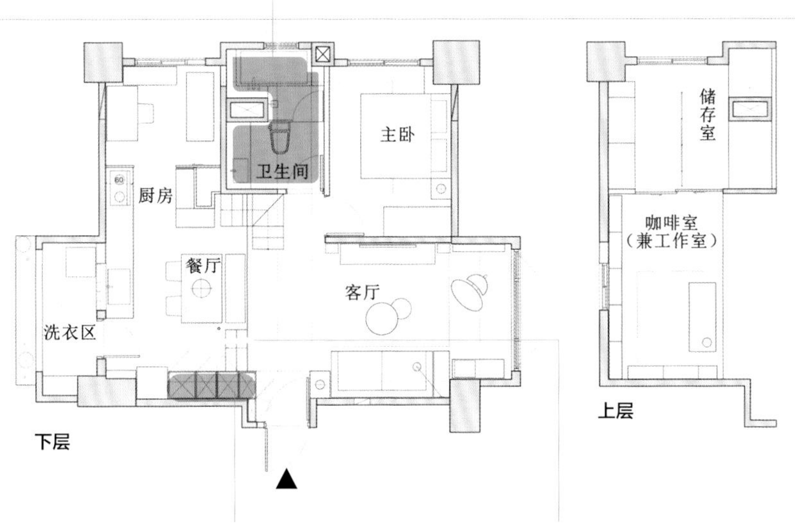

● 厨房换位，多了收纳与橱柜

厨房向另一侧墙倚靠，原始厨房的区域规划成橱柜，楼梯下还能展示威士忌。

● 下层楼梯往外移，释放空间

拆除隔墙，将下层楼梯往玄关方向移动，往前走即可直达阳台，往右则是餐厨区，动线完整顺畅。

左 | 上 / 下

（左）收纳柜从玄关往餐厨区域延伸，下方成为收纳与展示威士忌的平台，往右正好能规划红酒柜、冰箱与家电收纳。（上）厨房右侧为咖啡室，舍弃了柜体，以开放式层架展示收藏的厨房工具，厨房水槽前端也巧妙地用局部玻璃砖实现引光与陈列的双重功能。（下）封闭拥挤的复式住宅，通过拆除局部隔间，调整楼梯动线，释放挑高空间，让空间显得宽阔明亮。

案例

59

利用开放格局串联工作与生活空间

空间设计及图片提供｜PHDS
文｜王玉瑶

家庭信息｜家庭成员：2 名大人 + 1 只狗
面积：59.4 ㎡

房主需求： 1. 需要有两间工作室，方便两人使用。2. 要隔出一间主卧。3. 希望采用天然的材质。

房主夫妻两人的职业都是平面设计师，住宅除了是生活空间，同时也是工作室，因此在空间规划上，需满足生活与工作双重需求。原来空间最大的问题就是两个卧室入口处有一个奇怪的空间，于是设计师把两个卧室扩张，房门皆移至正面位置。重新规划后不仅两个卧室空间都变大了，也避免了动线曲折。采光集中在单面，所以其中一间工作室不设房门，另一间则采用玻璃拉门，来确保光线可以穿透；厨房因位于采光不佳的位置，同样用玻璃拉门来加强采光效果，平时若将两个空间的门全部打开，则有助于空气流动，整体空间也会更加通透。

改造前

隔墙挡住光线，空间中段完全没有采光

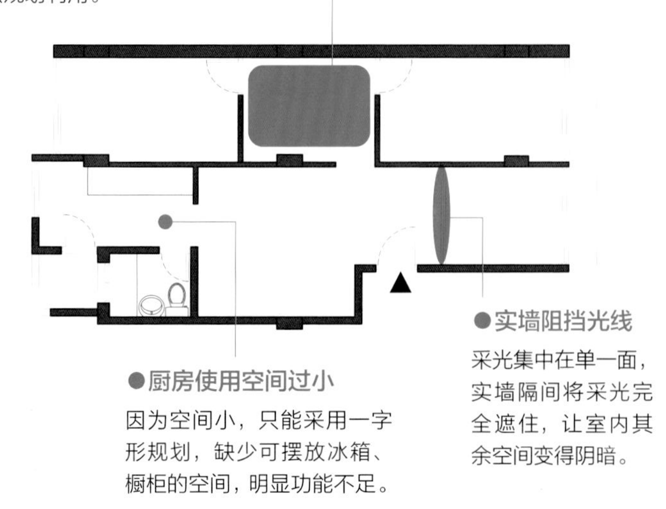

●白白浪费的奇怪空间
两个卧室入口处的空间因为要预留行走动线，因而无法规划利用。

●厨房使用空间过小
因为空间小，只能采用一字形规划，缺少可摆放冰箱、橱柜的空间，明显功能不足。

●实墙阻挡光线
采光集中在单一面，实墙隔间将采光完全遮住，让室内其余空间变得阴暗。

改造后

开阔格局，将光线引入，不再有昏暗角落

●扩张加上移动房门，把房间变大

两间卧室往过道空间扩张，并改变入口位置，如此一来可有效利用空间，两个房间都变大。

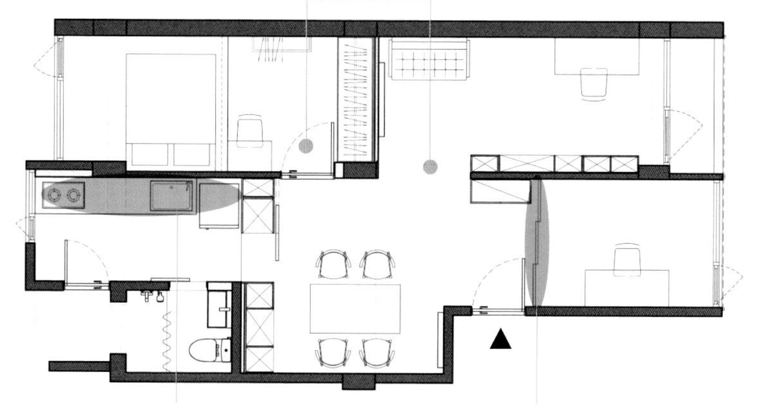

●拆除隔墙，拉长空间

先往左边延伸台面，借此加长台面，另一面则通过拆除隔墙，得到冰箱、橱柜的摆放位置。

●利用透光材质引光入室

拆除实墙隔间，改用长虹玻璃拉门，既能满足私密性需求，也能让光线穿过，不影响空间采光。

左 | 中 | 右

（左）使用水泥、桦木夹板等原生材质来打造空间的极简风格，不至于显得太冷硬。（中）采用铝制门框加上长虹玻璃的拉门，除了考虑到采光需求外，也赋予了空间更多功能。（右）除了收纳柜以外，墙上还规划了展示架，方便展示作品，也能摆放经常随手翻阅的杂志。

家庭信息 | 家庭成员：2 名大人
面积：99 ㎡

案例

60 斜角增加开阔感，练舞时光更自在

空间设计及图片提供｜甘纳设计
文｜黄珮瑜

房主需求： 1. 室内不要有高低差。2. 要有练国标舞的空间。3. 无需过多房间。

对于喜欢跳国标舞的房主两人来说，家中过多的隔间以及窄小封闭的卫浴，都让生活质量大打折扣。因此，设计师先拆除旧主卧墙面，确保厅区完整；再用斜角切割延展开阔感，拉门内暗藏茶镜，让房主有家中也能尽情练舞；接着拆掉两间次卧的隔墙，并将卫浴整合在主卧范畴，通过双入口搭配拉门的设计，让公私区域界线模糊化，却又能各自保持独立。最后，通过主卧墙面的退缩来拓宽廊道，让餐厨功能顺利整合，也令动线更加宽敞利落，赋予老屋新的生命。

改造前

隔间多，采光面被分割，动线曲折

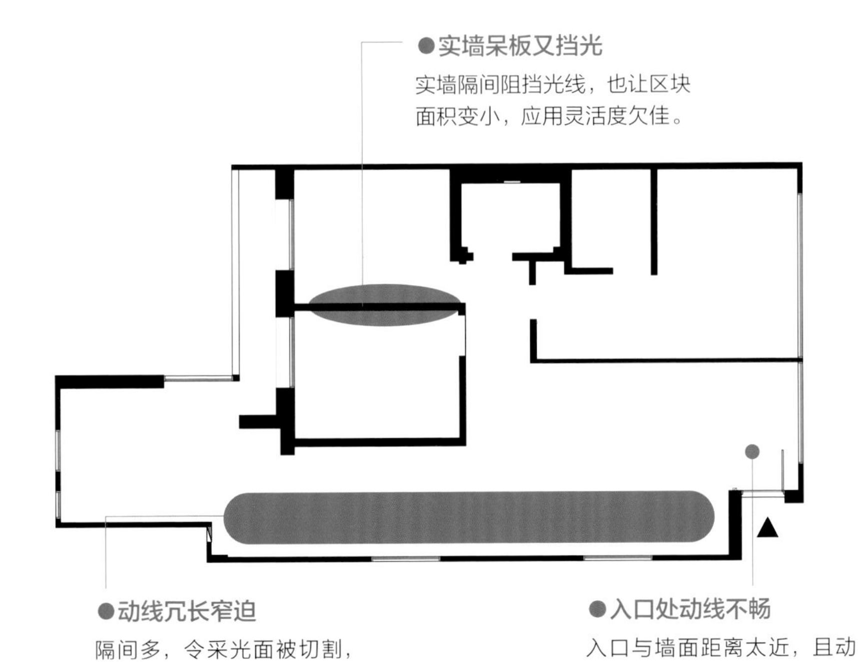

改造后

拆墙、增加开口，让动线更顺畅

●用整合设计强化公私区域的连接

将相邻次卧的隔墙拆除，改成收纳柜，再将卫浴整合进主卧；通过调整拉门，放大空间，提升采光，还可以让两个区域收纳互相协助，同时避免更衣时对睡眠者造成干扰。

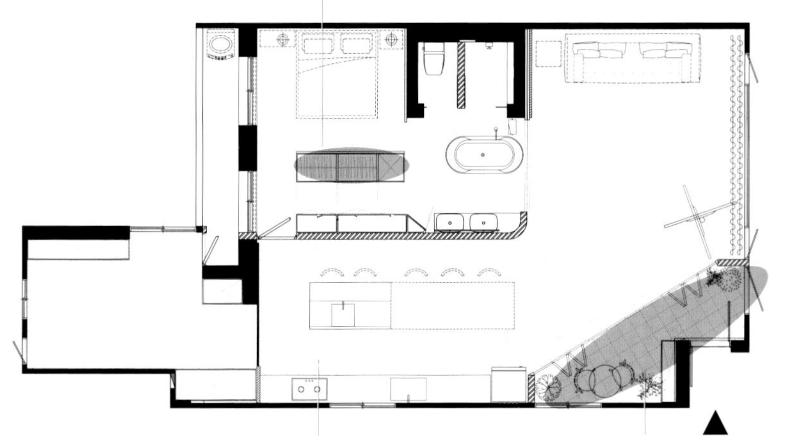

●拓宽廊道破冗赘

主卧整合后，因墙面退缩，廊道宽度增加，原本狭窄冗长的动线变得利落。而通过斜角动线，玄关的磨石子瓷砖也与厨房墙面内外呼应，视觉层次更加丰富完整。

●斜向切割，强化开阔感

拆除原主卧墙面，打造开阔厅区，拉门内暗藏的茶镜方便房主练舞。斜角切割延展景深，结合玻璃折叠门和采光大窗，营造入门处明亮大方的氛围，整体动线也更流畅。

左 | 上 下

（左）用斜角营造宽阔明亮的入门氛围，同室内细节一起铺陈，增添设计感。（上）和（下）通过拆墙与两道拉门的调整，公私区域的关系更紧密、随性。

家庭信息 | 家庭成员：3 名大人
面积：72.6 ㎡

案例 51

拆两面墙，架高地板，就多出茶室、客房和开放餐厨

空间设计及图片提供——它设计
文—Eva

房主需求 1. 原始空间又小又阴暗，希望改造后变得开阔明亮。2. 要保留亲友留宿的弹性空间，又不能闲置浪费。3. 要有一间茶室，能让父亲泡茶使用。

72.6 m^2 的老屋原先是三个房间的规划，再加上封闭式厨房的设计，不仅每个区域的面积都很狭小，被隔墙阻隔的餐厅也显得阴暗无光。随着家庭成员的搬出，多出了一个房间的闲置空间，因此通过改造顺势拆除无用卧室与封闭式厨房，让客厅、餐厅和厨房串联在一起，前后采光也能深入全屋中央，空间显得开阔明亮。拆除一个房间后改为架高平台，搭配精心计算的沙发坐垫，房主父亲平时可在此泡茶，当亲友来访时，沙发坐垫也能翻转平铺，随即变成开阔的留宿空间。

改造前

整个格局都显小

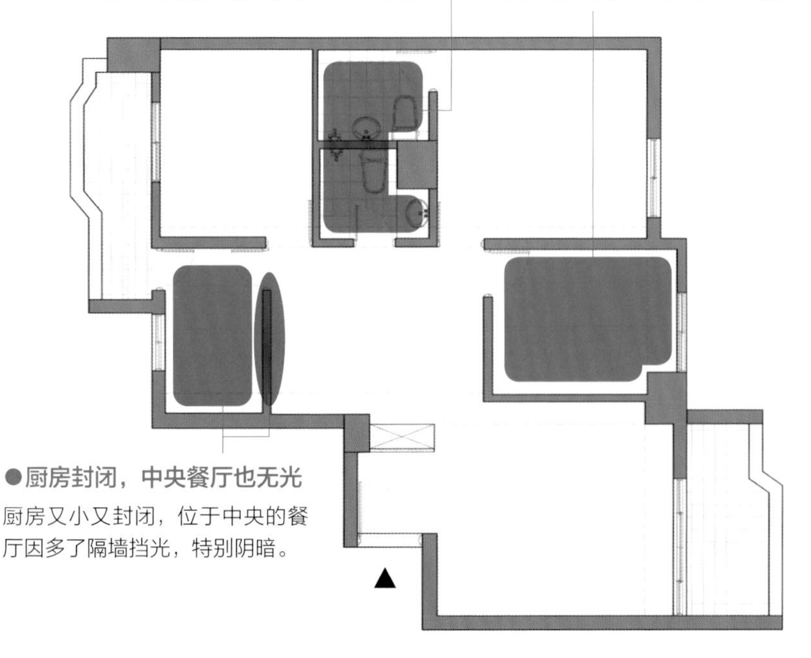

改造后

充分发挥空间功能

●缩小主卫，完善客卫功能

让出主卫空间，客卫就能做干湿分离的设计，功能更完善。

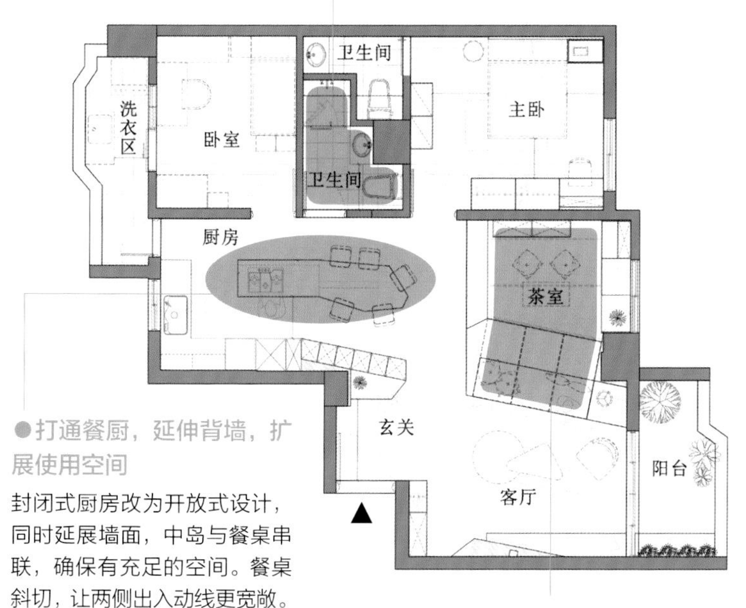

●打通餐厨，延伸背墙，扩展使用空间

封闭式厨房改为开放式设计，同时延展墙面，中岛与餐桌串联，确保有充足的空间。餐桌斜切，让两侧出入动线更宽敞。

●拆除一个房间，改架高平台，兼具茶室与客卧功能

拆除闲置卧室，架高平台延伸至客厅，能作为茶室与客卧空间使用。架高平台延续厨房中岛的斜切设计，视觉能顺势向外延伸。

左 上 下

（左）客厅层板向阳台延伸，串联视觉感，搭配植物墙的设计，让每个角落都能欣赏到盎然绿意。（上）经过计算的架高平台能当茶室、客卧空间使用，同时也避开了低矮大梁，辅以深色的天花板，产生退缩的视觉效果，减少压迫感。（下）中岛与餐桌串联，使用空间更宽裕，亲友来访也不拥挤。

家庭信息 | 家庭成员：2 名大人
面积：66 ㎡

案例 62

利用灵活度高的拉门，随心打造出理想的生活空间

空间设计及图片提供 | ST design studio
文 | 喃喃

房主需求： 1. 想要一个没有隔间的空旷空间。2. 要收纳大量乐高，需定制专属收纳空间。3. 若必需隔间，隔间墙要为弹性设计。

房主想要一个完全没有隔间的房子，房子的原始状态便是毫无隔间，但生活中难免有隐私需求，不同生活作息也会彼此影响。如何在保持开放的同时，又保证私密性，这个问题最后是由设计师以 11 道拉门来解决的。可收可开的拉门设计，赋予了空间使用弹性。门拉上时可隔出供睡觉的私人空间，拉门特别选用铝框和雾面玻璃材质，即便拉门成为隔墙，也可透光并维持一定的开放感；门打开时则满足了房主对空间通透性的需求。若想展现房主期待的全然开放感，甚至可将厨房拉门一并收起来，如此一来，便是一个没有任何隔墙的开放式大空间。

改造前

没有任何隔间，缺少私密性与使用弹性

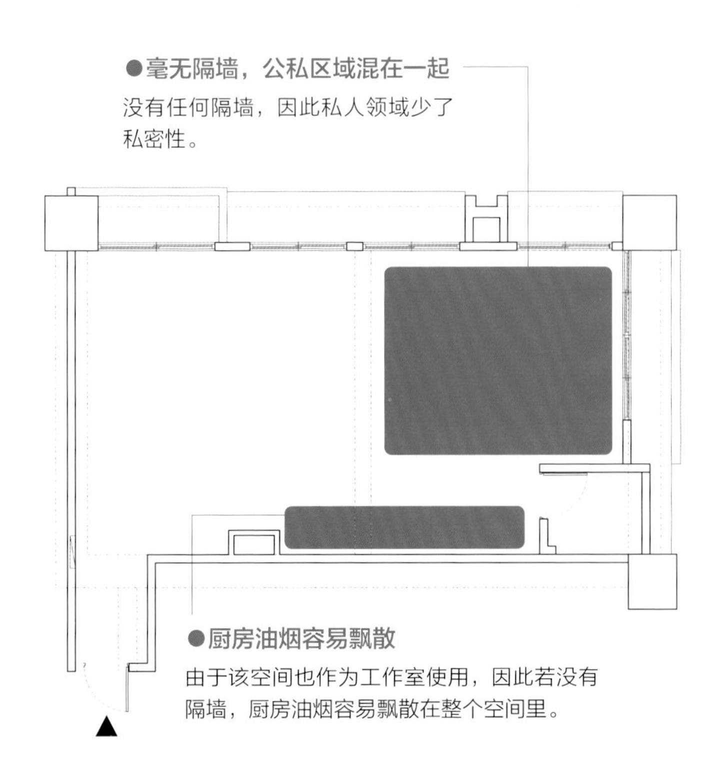

●**毫无隔墙，公私区域混在一起**
没有任何隔墙，因此私人领域少了私密性。

●**厨房油烟容易飘散**
由于该空间也作为工作室使用，因此若没有隔墙，厨房油烟容易飘散在整个空间里。

改造后

既是墙也是门，空间使用变得十分灵活

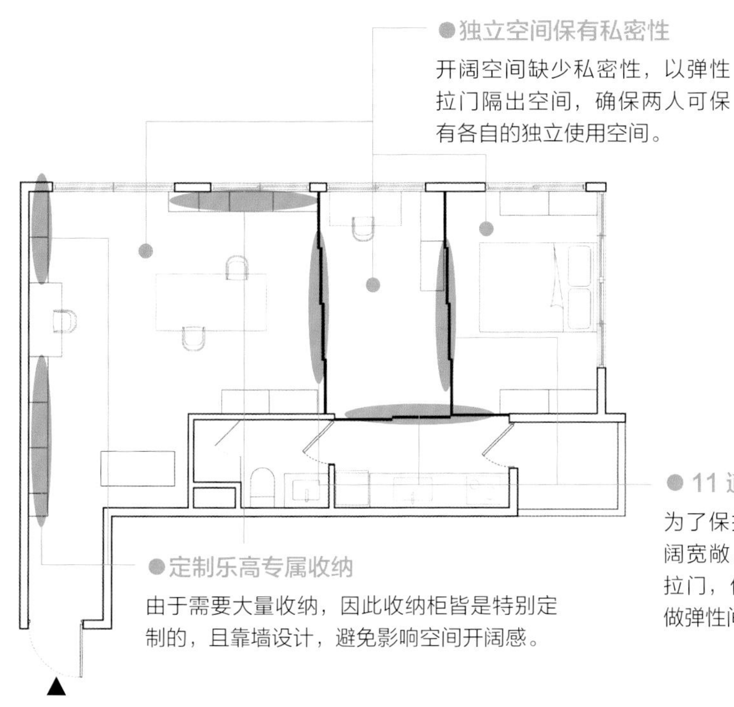

●独立空间保有私密性

开阔空间缺少私密性，以弹性拉门隔出空间，确保两人可保有各自的独立使用空间。

●11 道弹性隔间拉门

为了保持原始空间的开阔宽敞，采用可开阖的拉门，依实际使用需求做弹性间隔。

●定制乐高专属收纳

由于需要大量收纳，因此收纳柜皆是特别定制的，且靠墙设计，避免影响空间开阔感。

▶当拉门成为隔墙时，便可隔出两个独立空间，左边为男主人工作空间，右边则为女主人放松休憩的区域。

◀房主对收纳有一定的坚持与需求量，因此除了规划专门收纳乐高的柜体，还应房主要求，用无印良品的层架、收纳盒组成空间主要收纳，呈现简约、利落的空间感。

家庭信息 | 家庭成员：2 名大人
面积：62.7 ㎡

案例 53

改变卧室出入口位置，欣赏自然采光与优雅旋律

空间设计及图片提供—璞沃设计
文—陈佳歆

房主需求： 1. 希望空间收纳能符合功能及爱好。2. 入口玄关可以更为宽敞大气。3. 动线连贯，空间光线变得更加明亮。

房主是一位影音玩家，因此空间除了要从生活逻辑与习惯来规划格局外，还要特别注重设备及唱片的收纳设计。原始格局中，玄关狭小，通过厨房墙面的变更，展开入口处空间的视野；为了提高小户型空间利用率，按照房主实际使用需求整合格局，通过调整卧室入口位置，为主卧增加衣帽间，使卧室功能更为完善；临窗的侧面廊道也将多功能室及主卧串联起来，不但能引入充足的光线进入室内，也让光线随着脚步与动线，在视觉、心境上带来不同的感受，带来惬意的生活节奏。

改造前

卧室入口过于集中，动线太短

●动线过于集中，无法展现空间感

所有进出房间的动线都集中在空间中央，过短的动线给人以局促感，自然进光面被切割，整个空间感觉较为昏暗。

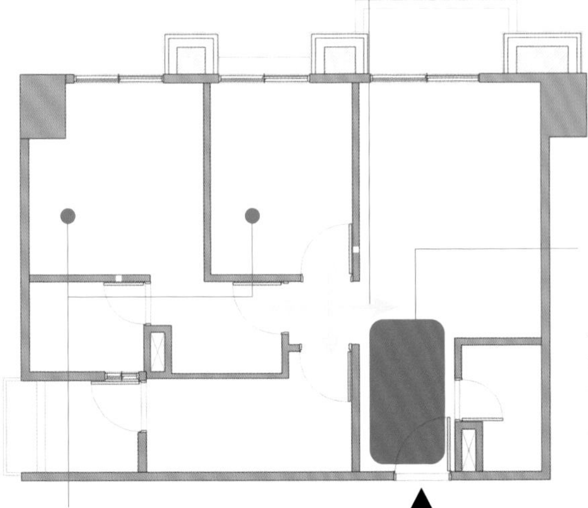

●玄关太小，显得空间很局促

原始格局的玄关几乎没有回转的地方，更无法配置收纳鞋柜，进入空间时很有压迫感。

●规划太多房间，不符合生活功能需要

以两人居住的生活功能需求来说，房间太小，厨房又太大，完全不符合当前的需求，主卧、卫浴所在位置让进入动线不顺畅，也造成了空间的浪费。

改造后

邻窗主卧动线纳入充足光线

●统整卧室格局，为生活功能加分

将次卧规划为多功能空间，可以作为书房，以及未来的儿童房，并且将原来主卧的玄关调整为衣帽间，使起居空间功能更加完善。

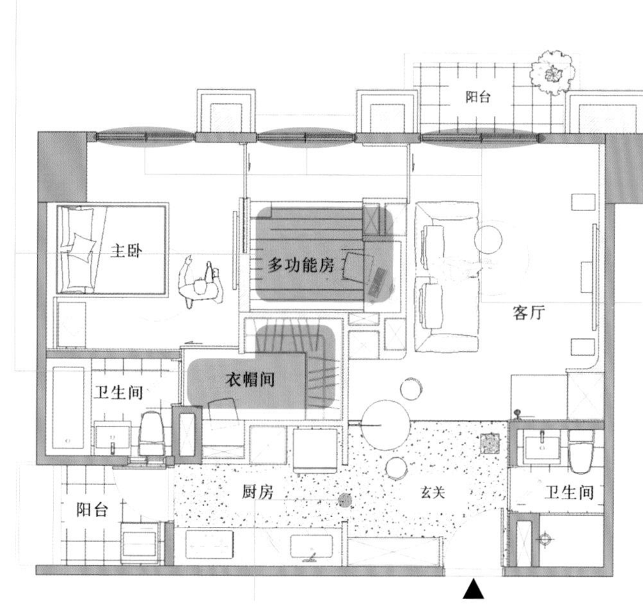

●挪移廊道，拉长动线，展开空间

在窗户面打造廊道，连接卧室及多功能房，充分利用采光面，让更多阳光进入空间，大大提升空间明亮感，另外，拉长动线也有将小空间放大的效果。

●重新规划厨房，放大玄关区域

根据使用需求，改变厨房出入口位置，并适当缩减厨房面积，不但玄关空间变大，也多了用餐的地方。

左 | 中 | 右

（左）卧室侧边的入口动线在采光面一侧，彻底发挥空间的采光面优势，给予生活更流畅的动线，功能更强大。（中）足够的玄关空间能增加收纳鞋柜，入口的空间感也更为开阔。（右）根据房主的音乐爱好，悉心规划音响设备的摆放位置，珍藏唱片的收纳柜也是量身打造的。

案例 54

做好收纳计划，与图书共享简约生活

空间设计及图片提供—构设计

文—喃喃

家庭信息 | 家庭成员：2 名大人 + 2 名小孩
面积：132 ㎡

房主需求： 1. 必须能收纳近千册的图书。2. 整体空间要看起来简洁干净。3. 书籍尽量不要采用展示的方式收纳。

房主夫妇喜欢看书，也收藏了大量书籍，迫切需要收纳约一千册图书，同时鉴于过往的居住经验，希望居家空间不要有太繁复的设计。为了解决书籍的收纳问题，设计师在通往卧室的走道墙面上，规划了整排通顶收纳柜，开放与封闭形式交错安排，解决了视觉杂乱与高柜压迫感的问题，并进一步将书柜与卧室衣柜结合，替代实墙隔间，借此争取了更多的使用空间。除此之外，分别在主卧、儿童房和书房规划收纳柜，通过分散收纳的方式，来满足一千册书籍的收纳需求，公共区域由此可以呈现房主所期待的极简现代风。

改造前

收纳空间不多，客厅过小

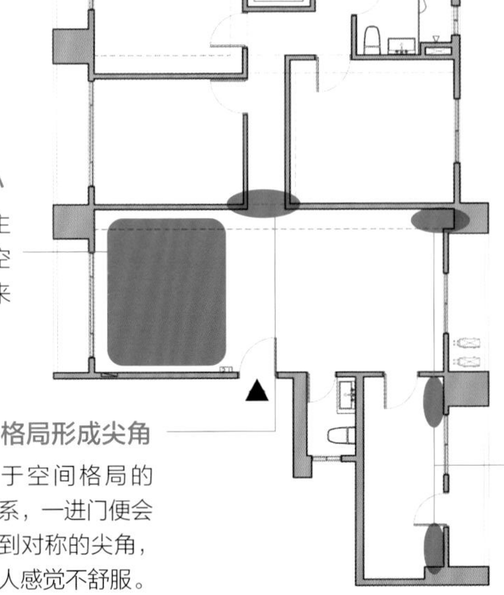

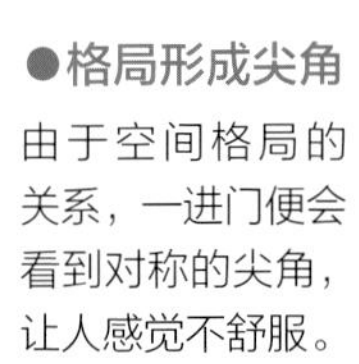

改造后

收纳方式交错运用，确保空间不被收纳柜占满

邻近客厅的书房隔墙内缩，以此放大客厅空间，让一家四口在客厅活动时更舒适。

● 修圆直角，改善观感

对因格局形成的尖角用弧形来修饰，化解进门看到尖角的不适感。

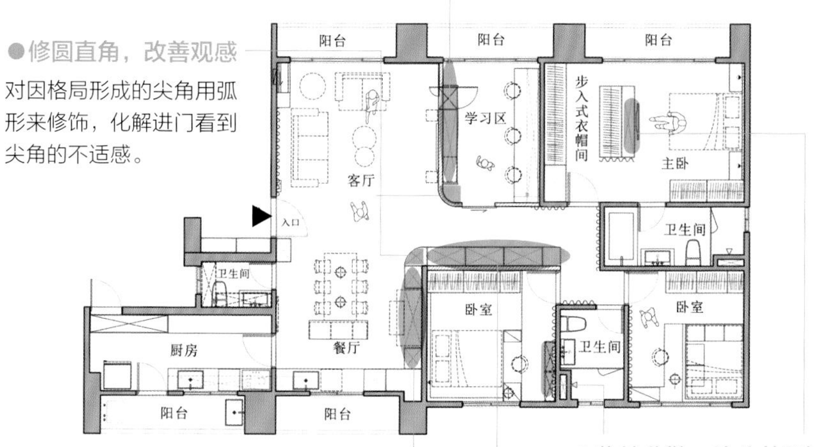

● 收纳分散，让公共区域变清爽

在每个房间都规划了收纳书籍的柜体，避免集中在公共区域，占据太多使用空间。

● 收纳柜墙满足收纳

餐厅墙面转折至走道墙面，规划大片橱柜，用于收纳书籍、电器等物品，采用封闭式收纳设计，确保视觉上的利落感。

左 | 中 | 右

（左）收纳柜体刻意采用开放式、封闭式交错安排，增加收纳弹性，满足极简风格要求。（中）将物品收进柜里，减少视觉杂乱感，再用大量白色材质，强调极简线条，打造简约的空间感。（右）从餐厅延续至走道的收纳墙，顶天齐的梁柱收整线条，兼顾了美观与实用性。

家庭信息 | 家庭成员：2 名大人 + 2 名小孩
面积：109 ㎡

案例

55 破除隔墙，打造家人亲密互动的开阔空间

空间设计及图片提供—尔声空间设计
文—喃喃

房主需求： 1. 想要有宽阔的开放空间。2. 希望厨房用开放式设计。3. 希望有助于家人彼此互动。

房主一家从澳大利亚回归定居，希望延续海外的生活习惯，但现有房子格局封闭，且缺少家人互动的空间，因此房主希望重新规划，将其打造成适合亲子互动的开阔空间。为了打造宽阔的空间感，设计师拆除了一个房间，并将位于角落的厨房移出，原来的空间作为多功能贮藏收纳室使用；接着利用开放式设计，把客厅、餐厅和厨房串联成一个舒适宽敞的公共区，不只有助于家人互动，小朋友也能在这里自在奔跑，享受不受拘束的生活模式。

改造前

空间被隔墙分割，既小又封闭，家人难以互动

● **客厅不够宽阔**
对习惯开阔生活空间的一家四口来说，客厅过小，而且无法和在厨房准备饭菜的人有互动。

● **厨房狭小又封闭**
厨房位于角落，而且空间狭长，加上用实墙隔间，显得窄小又封闭。

● **无用的和室**
和室位于角落，位置尴尬，最后沦为储物间。

● **狭窄卫浴很难用**
客卫空间感觉有点窄小，使用起来不太舒适。

改造后

打开隔墙，空间变大，变得舒适又开阔

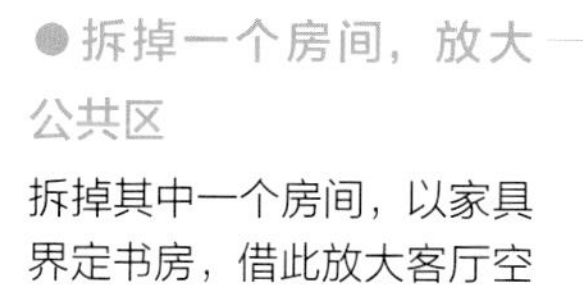

拆掉一个房间，放大公共区

拆掉其中一个房间，以家具界定书房，借此放大客厅空间，让小朋友可自由奔跑。

卫浴空间重新规划

通过将客卫转向外扩张，扩大空间，提高使用舒适性，主卫移动位置，并改为半套卫浴，虽然变小了，但更符合房主使用习惯。

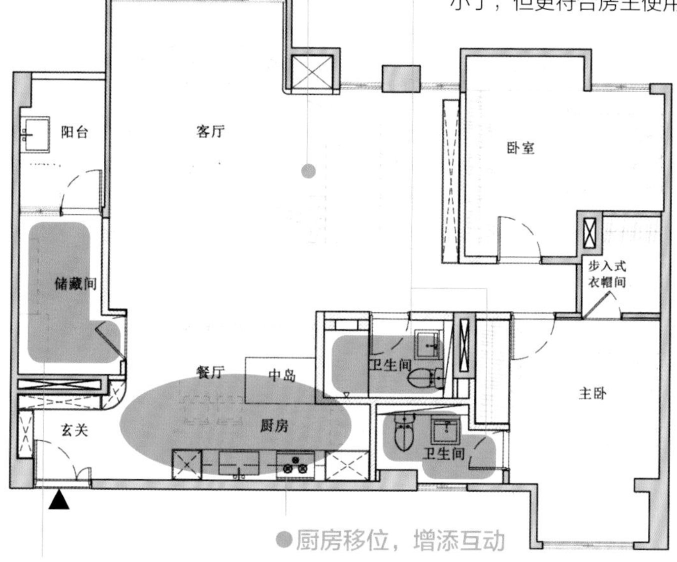

多出储藏空间

原始厨房空间狭长不好利用，因此改为更实用的储藏间。

厨房移位，增添互动

拆除和室和玄关的隔墙，厨房移出放在这里，不只使用空间变大，采用开放式规划也能增加互动，并和客厅串联，形成开阔的公共区域。

左 | 上 / 下

（左）拆除无用的和室，改为开放式厨房，同时增加中岛和餐桌，提升使用功能与互动性。（上）引入自然元素，选用材质单纯的建材，并用植栽点缀，打造舒适自然的居家生活感。（下）拆除原来书房的隔墙，用家具界定空间，兼顾空间使用功能与开阔感。

家庭信息 | 家庭成员：2 名大人 + 1 名小孩
面积：72.6 ㎡

案例 66

以餐厨为中心，客厅、卧室全开放，实现零隔间生活

空间设计及图片提供 — 方构设计
文 — Eva

房主需求： 1. 每个房间都太小，希望空间变开阔。2. 原始空间太阴暗，要增强室内采光。3. 要有设计感，无须囿于传统。

这间 72.6 m^2 的空间有着暗厅明房的缺陷，客厅被旁边的楼遮住了采光，而采光最好的区域却在次卧，再加上空间又被切割成三间房，整体显得又小又阴暗。由于房主对设计的开放性要求较高，未来有换房的需求，因此在孩子成长的过渡阶段，决定所有隔间全部拆除，让空间全然开放，更明亮开阔。同时以餐厨为生活重心，搭配伸缩长桌，让好客的房主能尽情招待亲友；为了减少孩子看电视的时间，电视墙安排在侧面，降低其存在感。而睡眠区则采用铁件框架搭配隔帘，在开放的同时也能兼顾私密性。

改造前

房间隔太多，空间小且阴暗

三个房间太多，空间太狭窄
仅有 72.6 m^2，却隔出三个房间，客厅、卧室都变得很狭小。

●封闭式厨房太狭小
厨房采用封闭式设计，不仅空间小不好用，连玄关进入客厅的通道也跟着变窄。

暗厅明房，公共区很阴暗
客厅虽有大窗，但阳台过深，采光也被旁边的楼遮蔽，而采光最好的地方又被次卧遮住，光线无法到达客厅。

改造后

连卧室都看得到的开放空间

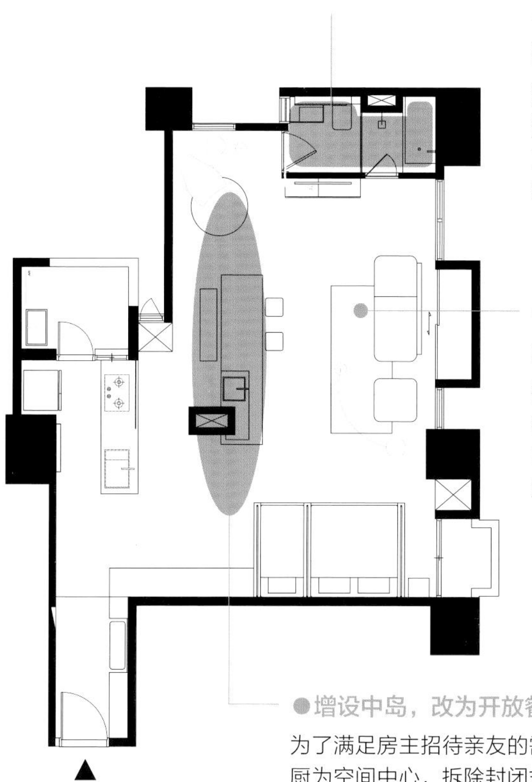

●卫浴分离，盥洗与洗浴能同时进行

淋浴区增设入口，与坐便器区分离，即便只有一间卫浴，家人也能同时淋浴或盥洗。

●拆除全室隔间，空间变大变明亮

拆除三个房间与客卫，新打造的客厅、餐厨与卧室全然开放无隔间，视野开阔，采光也能深入全屋中央。

●增设中岛，改为开放餐厨

为了满足房主招待亲友的需求，以餐厨为空间中心，拆除封闭式厨房，并增设中岛，在中岛料理时，也能与亲友互动，增进情谊。

左 上 下

（左）客厅、餐厨与卧室全然开放，还原开阔视野。（上）拆除客卫，管道用瓷砖包覆，并增设中岛，餐厨的天花板与中岛则巧用黑色，在全白空间中有助于凝聚焦点。（下）运用铁件框架设置床铺，搭配隔帘，分隔主卧与儿童床。

家庭信息 | 家庭成员：1 名大人 + 若干猫
面积：79.2 ㎡

案例

67 地面整平无障碍，安心享受惬意退休生活

空间设计及图片提供—灰色大门设计
文—王玉瑶

房主需求：1. 希望加入无障碍设计。2. 原始厨房太小，希望空间变大一点。3. 保留三个房间的格局。

进行空间规划时，除了考虑未来的退休生活，房主还希望能为家里的猫咪打造一个友善的环境。隔间没有变动，但主卧因床铺无法避开卫浴出口，所以将主卫出口做了调整，与此同时还扩大了空间，做出干湿分离设计；为了争取更多空间，拆除主卧与客厅间的隔墙，用具备衣柜与沙发背墙双重功能的通顶柜墙取代。而封闭的厨房，因煤气管不宜移动过远，因此拆除隔墙后予以转向，扩充作业台面，再通过增设中岛来与空间进行串联。喜欢攀高是猫的习性，因此设计师在高柜里暗藏了可行走至餐桌上方跳台的猫道，房主因此可随时看到猫咪踪影，时刻享受爱猫的陪伴。

改造前

入口位置不佳，浪费空间又不好规划

改造后

移出厨房，与客厅串联成宽阔区域

◀在这面柜墙里，藏有猫咪玩耍的猫道，可一路行走至天花板，再移动至跳台。

▶通过开放式设计，让空间更为宽阔舒适，地面也因此更为平坦、无障碍。

4 空间微整，变身舒适格局

无论是新买的房子，还是住了多年的家，房间数或格局大致上都还堪用，但就是有些角落或空间感觉使用不顺畅，或是有些畸零空间始终没法好好利用，却又不想花大把银子全面翻修。这时候或许可以考虑空间微整装修，只要针对性地将不好用的区域略做改善，就能让空间的舒适性大大升级。

设计原则 1 完美契合不规则线条的定制家具

对中国人而言，格局方正似乎是好房子的第一要素，不过换个角度看，方正的格局变化不大，反倒是有些曲线的格局可以多一些变化与设计感，容易给人留下深刻印象。所以，如果您可以接受稍微不规则的空间格局，那么可以不用急着修补畸零空间线条，当然，也不是要对其顺其自然地放任不管。

▲ L 形厨房操作台面与书桌连接，以桌板台面弱化不规则区域，修正视觉效果，同时也顾及了使用功能。（空间设计及图片提供：实适设计）

想要跳出窠臼，为自己打造一个不一样的空间，就要有些“法宝”来搭配。例如有不少客厅起居空间因建筑特色而拥有圆弧格局，若能搭配一座弧形沙发，就会相当出色。但是，如果格局较为特殊，比如非传统长宽比的客厅，则可利用量身定制的方式，设计出与其完美契合的家具。

此外，在餐厅中，也有人依照空间格局设计出 L 形或 C 形餐桌，让特殊形状的格局与定制家具可以更密切地结合。这样设计，既不会浪费空间，也会减少畸零空间的产生，最重要的是家人互动时也会有不同的情趣。

◀量身定制桌板，下方做成收纳柜，原本不规则的区域，成功变身成实用的梳妆台。（空间设计及图片提供：都市居所）

设计原则 2 拆除隔墙，消除畸零空间

许多房主买房时一见到有畸零空间就觉得头痛，一来不想浪费空间，二来也担心会影响居住舒适度。对此，设计师认为多数室内畸零空间都是来自不合理的隔间设计，只要拆除多余的隔间墙，就可以改善。

例如，许多房地产开发商为了方便营销，希望给房主留下更多房间的印象，常在客厅旁规划一间小房间。但除非是大户型住宅，否则这样的格局通常都是小到放不下床，勉强只能作为书房或和室来使用，如果旁边再遇到结构柱，则易产生畸零空间。这类格局建议还是将小房间的隔墙拆除，只需改作开放式设计，畸零空间就会自动消失了。

同样的，如果中小户型住宅被隔出过多房间，也容易因空间被切割得太细而产生畸零空间，不但住得不舒服，空间也无法被完整利用。要想减少畸零空间，就要尽量避免过度切割空间，同时最好用结构柱作基准来配置隔间。隔间墙减少后，动线也会缩短，从而让空间感变大、变舒适。

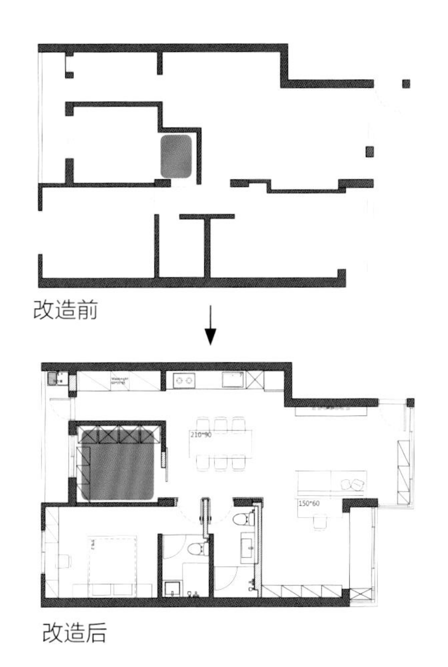

▲通过拆除、内缩墙面，消除无用畸零空间，让整体空间变得平整、好规划。（空间设计及图片提供：PHDS）

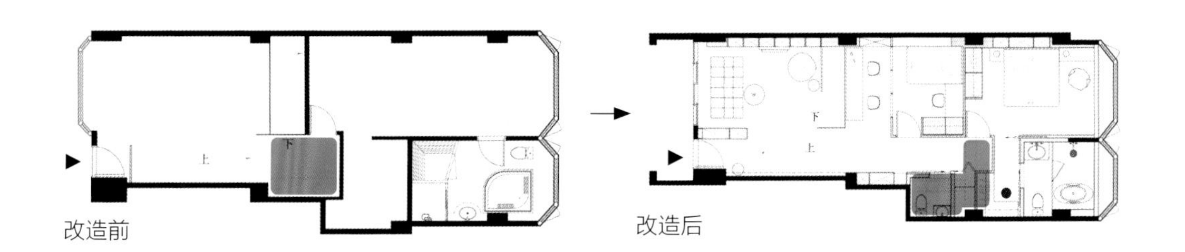

▲将墙面拆除，重新设置隔墙位置，既能有效消除畸零空间，也能留出顺畅动线。（空间设计及图片提供：一水一木设计公司）

设计原则 3 结合收纳，让畸零空间发挥作用

如果不想把畸零空间规划成飘窗，也无法拆除隔墙，难道就只能眼睁睁看着这些空间白白浪费吗？事实上，消灭畸零空间的最佳方式可能就是收纳了。由于收纳设计具有多样性变化的特色，几乎可以解决所有畸零的格局。

例如前面所说，大的畸零空间可作为衣帽间，若是较零碎的畸零空间，可规划为门柜，增加收纳功能。可见，根据畸零空间的大小，有不同的利用方式。以深度来考量，若深度达 60 cm 就可规划成衣橱，如果只有 45 cm 或 30 cm，则可规划成置物柜或书柜；当然，也有更浅短的畸零空间，如深度小于 20 cm，可规划为化妆柜或薄柜，或用开放层板打造装饰墙，让空间设计感升级。

▲将大型梁柱包进柜体，不只能增加收纳，也能消除因梁柱产生的畸零空间。（空间设计及图片提供：创境国际室内装修有限公司）

另外，也可视地形，考虑是否做缝隙柜或拉出式收纳柜。值得注意的是，在做收纳计划时，可考虑搭配五金配件，不仅可以提高柜内的收纳效率，而且可以将柜内高处的畸零空间做成下拉式设计，避免收纳柜沦为“黑洞”，让放进去的物品再也不见天日。

▶利用衣帽间来拉直墙面斜角，将客厅修整得较为方正。（空间设计及图片提供：方构制作）

◀沿梁下做成电视墙柜，也是一种常见化解梁柱的手法，不只兼顾到双重功能，还能化解梁下畸零空间的问题。（空间设计及图片提供：成境室内装修设计有限公司）

设计原则 4 善用畸零空间，打造舒心角落

出现畸零空间的不良格局是住宅常会遇到的，对于寸土寸金的大城市来说，畸零空间无法利用相当可惜。想要消除畸零空间，首先要理解其成因。一般畸零空间的形成原因可分为外因与内因两种，外因多是由于建筑外观造成的，而内因则可能是由梁柱及隔墙导致的。房主可以先行检查自家畸零空间的成因。

因建筑窗形或外形造成的畸零空间，多半有对外可透气的窗景，这类畸零空间很适合用来规划休闲区，也就是常见的利用卧榻来微调格局的设计手法。如此不仅可以增加生活情趣，还可以在不用大改其他空间的情况下，就把原来带有畸零空间的区域调整为比较完整的格局。如果是没有对外窗的畸零空间，则可视需求将其设计为步入式衣帽间、大型储藏柜或者卫浴间，重点在于将隔间墙面拉直，以减少畸零角落。衣帽间或橱柜内可搭配五金配件来提升使用效率，维持空间的完整与清爽。

▲在难以运用的斜角位置安排浴缸，消除畸零空间的同时，更增强了实用功能。（空间设计及图片提供：方构设计）

◀采用卧榻设计来调整不规则角落，让空间变得方正的同时，也增加了一个供人休闲的角落。（空间设计及图片提供：构设计）

▶形状不规则的区域尽量不要流于制式设计，要让空间使用更具弹性，这样才能不受限于形状。（空间设计及图片提供：创境国际室内装修有限公司）

家庭信息 | 家庭成员：2 名大人 + 2 名小孩
面积：264 ㎡

案例

68 注入古典元素，让老宅散发暖灰优雅气质

空间设计及图片提供—创境国际室内装修有限公司
文—王玉瑶

房主需求： 1. 多增加一点收纳空间。2. 空间用色尽量不要太深。3. 解决老屋梁柱过粗的问题。

对于这种户型窄长的老屋，在格局和采光上都是一大挑战。在了解房主需求后，设计师便将大人区和儿童区分开，将下层接近入口的前段规划成客厅和书房，后段则规划为私密领域的主卧和衣帽间，同时通过搭配横拉门设计来满足空间分界与隐私需求。儿童房、厨房和餐厅挪至上层，并将上层最末端的不规则空间作为书房来使用。通过搭配使用公私区域的开放与封闭格局，降低人们对廊道狭长的印象，廊道上的梁柱则统一设计成齐梁收纳柜，有效利用了畸零空间，再拉齐墙面线条，让整个空间看起来更加简约、利落。

改造前

怎么隔都有采光不足、产生廊道的问题

●卫浴太小很难用
卧室里的卫浴空间过小，很拥挤，而且还设计了两个开口，很不合理。

●过多梁柱产生畸零角落
老屋梁柱多且粗，加上户型狭长，因此产生了很多畸零角落。

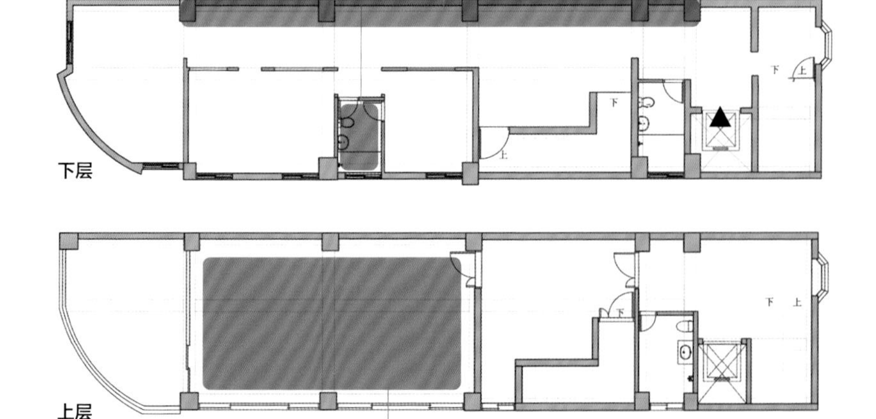

●格局不符合现在的使用需求
原来四楼只隔了一间房，和现在的使用需求不符。

改造后

公私区域混搭，得到较为宽敞的空间感

●增加卫浴空间

通过重整格局，将卫浴并入主卧，不只开口转向，空间也因外推而变得宽敞。

●用收纳柜整合畸零空间

利用柜体将所有梁柱边的畸零空间整合成收纳柜。

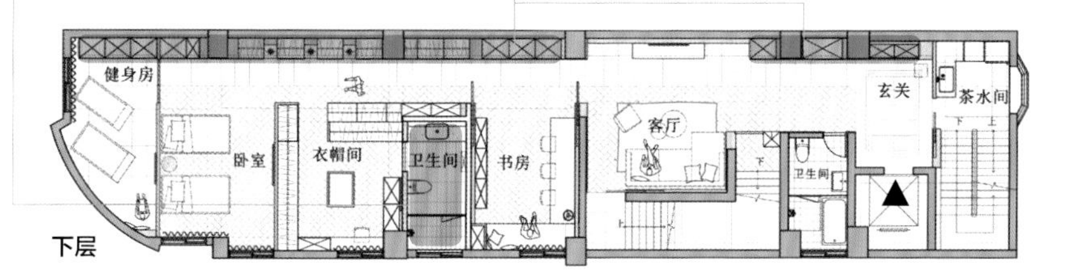

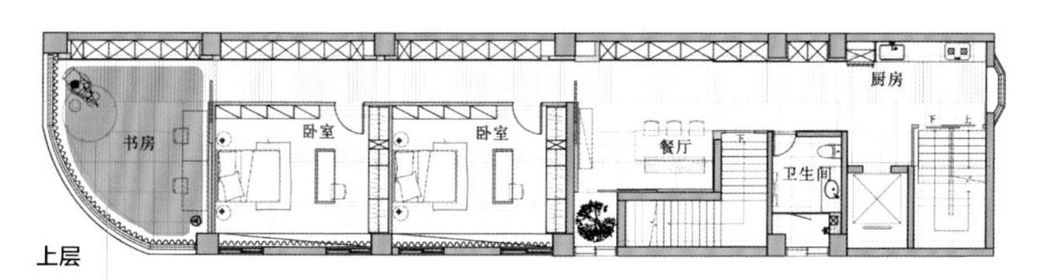

●弹性使用，化解空间不规则问题

末端形状不规则的空间，规划成空间使用灵活的书房，由于没有既定使用方式和家具，因此不受空间形状的影响。

（左）利用公共区域的开放格局，减少窄长空间的封闭感，再用弹性横拉门，灵活界定空间，兼顾私密性需求。（上）用柜体收整了梁柱下的畸零空间，并通过不同形式和材质满足了使用需求。（下）客厅靠近天井的开口采用玻璃拉门，借此引入天井的光线，加强空间采光。

家庭信息 | 家庭成员：5 名大人 + 1 名小孩
面积：165 ㎡

案例

59 拆墙、引光，消灭畸零空间，让老屋的窄小阴暗一扫而空

空间设计及图片提供——它设计
文——Eva

房主需求：1. 一楼需要增加一间老人房。2. 客厅、餐厅过于狭窄，要宽敞些。3. 无用顶楼重新改造，要能容纳小家庭居住。

一进入这栋四十年的三层独栋楼，就能看到一道墙切断客厅与餐厅，空间纵深变短，而且餐厅、厨房都有隔墙，致使每个空间都显得狭窄又阴暗，再加上房主夫妇与父母、妹妹同住，需要有个开阔且独立的生活空间。因此，拆除一楼客厅、餐厅之间的墙，视觉空间顺势被延展拉伸和放大；同时沙发背景墙向外移出，搭配采光罩的设计，不仅扩展了客厅尺寸，还引入大量自然光，空间更显开阔。原本毫无规划的顶楼增加了卧室与起居空间，并采用斜屋顶设计，挑高、拉长视觉效果，打造出既舒适又功能多样的生活空间。

改造前

空间窄得没法住

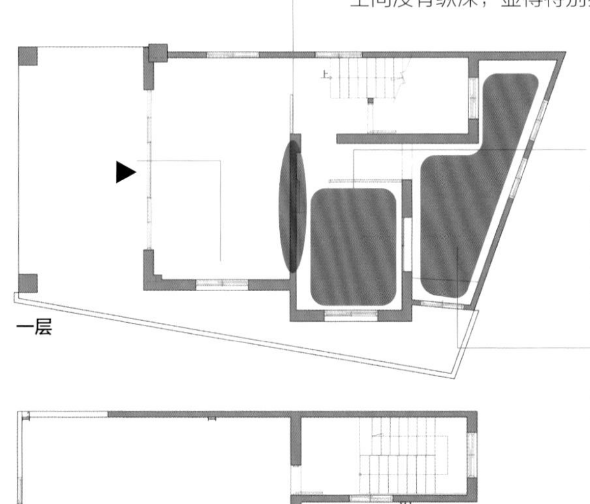

●进门就见墙，空间狭小
一道大墙横亘中央，截断客厅与餐厅，空间没有纵深，显得特别狭小。

●餐厅做了隔间，显得很狭窄
餐厅夹在客厅与厨房之间，有隔墙阻挡，还没有采光，又窄又阴暗。

●厨房畸零空间难运用
厨房有斜角畸零角落，不仅难用，还浪费空间。

●顶楼无配置，空间未被充分利用
原始顶楼是空着的，没有对其进行规划，浪费空间，需要重新整顿。

改造后

每个空间都变得又大又亮

●拆除隔墙，还原空间纵深

拆除客厅隔墙，将客厅、餐厅打造成开放式格局，视觉空间被瞬间放大延伸，同时增设了老人房，满足房主心愿。

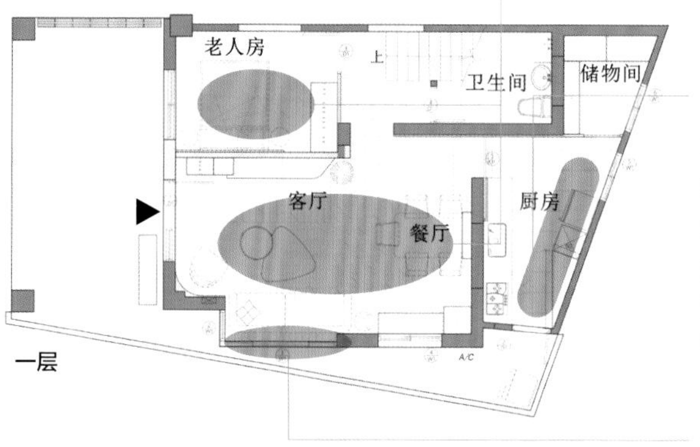

●拉斜橱柜，让空间显得方正

利用储藏室隐藏斜角区域，增强了储物功能，少了畸零空间，同时厨房柜采用斜切设计，拉直了走道，空间显得方正无斜角。

●将沙发背景墙向外移，多了采光与空间

将沙发背景墙向外移，拉大与电视背景墙之间的距离，即便多了老人房也不显窄。搭配采光罩，捕获了大量阳光，阴暗空间顿时明亮许多。

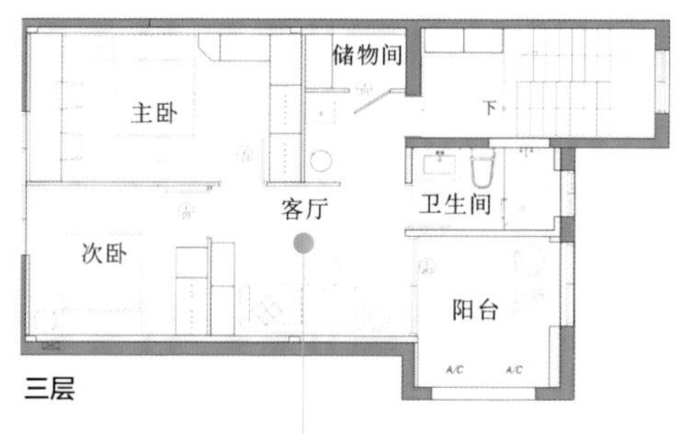

●增设卧室、卫浴与茶水间，完善功能

顶楼配置主卧与次卧（用作儿童房），并规划卫浴、茶水吧台，这样睡眠、洗浴与餐饮功能都具备了，小家庭也能拥有独立的空间。

左 | 上 / 下

（左）打通客厅、餐厅，串联空间，粉色圆拱墙面展现清新端景造型。（上）双色墙面丰富了空间层次感，半拱过道与餐厅处粉墙呼应，巧妙地遮掩了楼梯。（下）顶楼刻意采用斜顶设计，视觉感顿时得到拉升，铺陈木质材料，增添空间温暖氛围。

家庭信息 | 家庭成员：1 名大人
面积：77.5 ㎡

案例

70 拆除无用隔间，藏起斜角，打造方正开阔的单身宅

空间设计及图片提供—方构设计
文—Eva

房主需求： 1. 客厅布局要能维持采光与向外眺望的开阔视野。2. 进出厨房要方便，还要能随时保持厨房关闭状态。3. 设置独立衣帽间。

这间 77.5 m^2 的新建住宅因有落地窗，视野十分开阔，采光也好，但有着斜角畸零空间和房梁过低的问题。为了能随时欣赏户外绿意，客厅被安排在中央对窗的位置，横亘客厅的大梁则运用镜面包覆，消弭空间低矮的压迫感。由于只有房主一人居住，因此拆除多余的客卫，改为独立衣帽间。卫浴入口则特意安排在短斜墙，让进入卫浴、衣帽间与卧室的通道显得方正，隐藏了格局中的斜角。在卫生间斜角处设置浴缸，赋予畸零空间一定的实用功能。

改造前

空间多斜角，住着不舒服

●畸零空间难运用
格局本身有着不规则的斜角，空间难以运用。

●两间卫浴过多，不符合生活习惯
只有房主一人居住，两间卫浴的配置过多，浪费空间。

●大梁横亘，空间很有压迫感
空间有一道大梁贯穿中央，离地仅 2.2 m。

改造后

赋予畸零空间一定的实用功能

●斜角处设置浴缸，活用空间

在难以运用的斜角区域设置浴缸，可有效消弭畸零空间，增强实用功能。

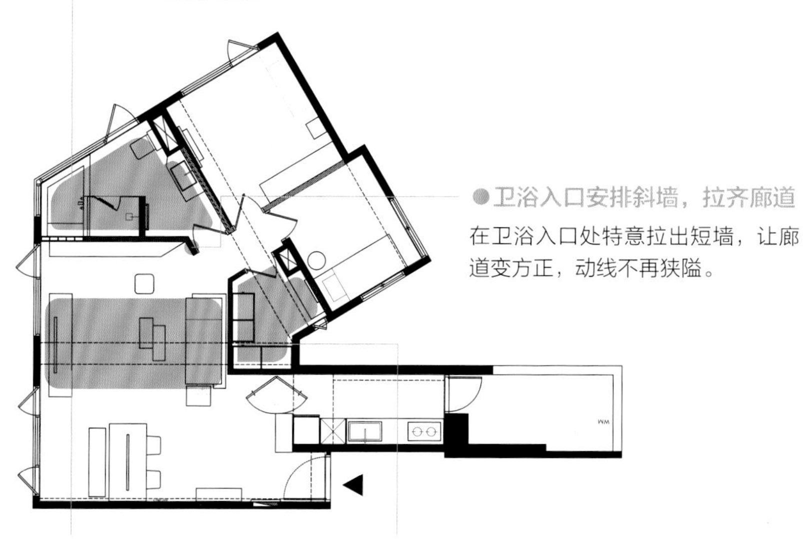

●卫浴入口安排斜墙，拉齐廊道

在卫浴入口处特意拉出短墙，让廊道变方正，动线不再狭隘。

●客厅转向面窗，与户外空间串联，让视野更开阔

沙发转向，安排在面窗处，让房主能随时望向户外，维持空间开阔感。

●拆除客卫，改为衣帽间

将无用的客卫拆除，改为衣帽间，并顺势拉直墙面，隐藏斜角，让客厅显得方正。

左 | 上 / 下

（左）客厅的低矮大梁用镜面修饰，消除压迫感。（上）亮黄色柜体刻意倾斜，增强廊道入口处的开阔感。（下）厨房入口改用180° 开启的门，内推外拉都方便，进出更顺畅。

家庭信息 | 家庭成员：2 名大人
面积：56 ㎡

案例 71

长条户型规划环绕动线，加强采光和通风，放大空间感

空间设计及图片提供 | 实适设计
文 | Ruby

房主需求： 1. 喜欢料理、招待朋友，希望厨房空间能大一点。2. 重视客厅空间，有大荧幕的视听需求。3. 重视睡眠空间的安静程度。

这个街边老屋属于长条户型，格局、采光都不佳，通风对流也很差，卧室封闭且狭小，厨房位于房子的最末端，且与客餐厅动线分隔，完全不符合喜爱料理和招待朋友的房主两人的使用需求。于是，设计师将动线与通风、采光视为重点改善项目。厨房位置移到房子的最前端，公共区域可以集中使用，公私区域划分为两个部分，并通过打造回字动线，串联起各个空间，达到既独立又可以全然开放的状态。此外，设计师也特别腾出了一点室内空间，打造了一个阳台，成为卧室空间的延伸，营造出充满绿意的治愈空间，更是洗晒衣的实用空间。

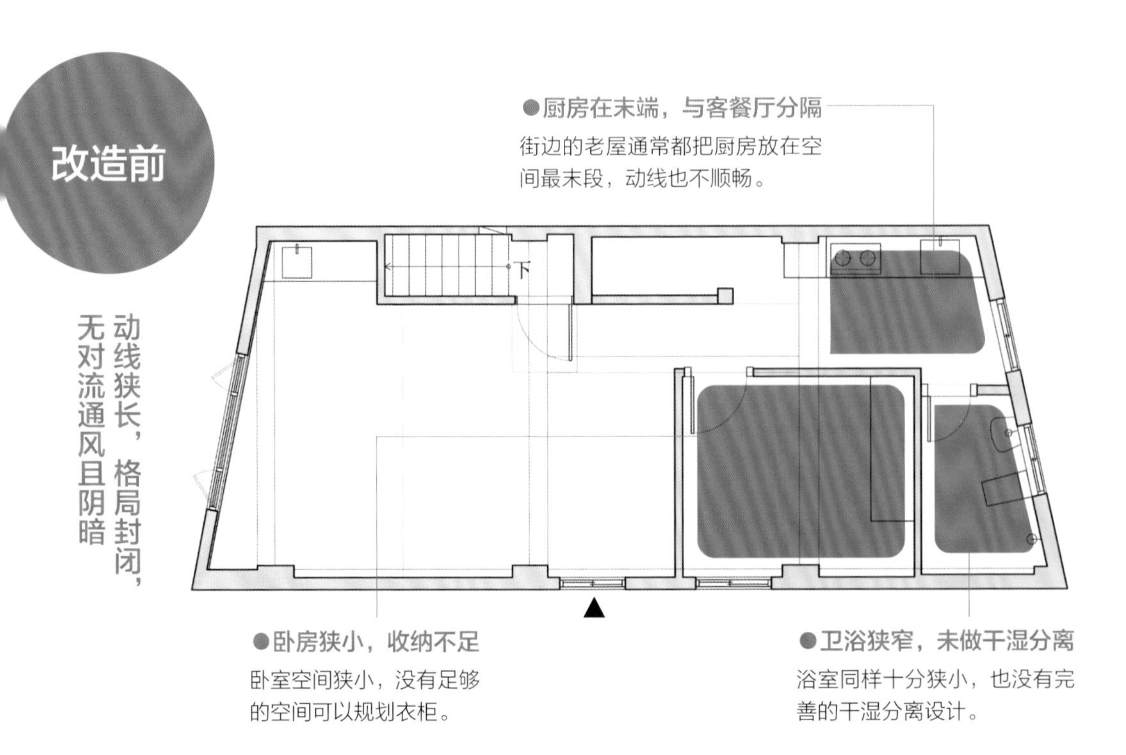

改造后

环绕动线设计，加强采光与通风

●卫浴移位，重调设备更好用

将洗手台独立置于廊道一侧，扩大的浴室配有淋浴区与浴缸，甚至巧妙地规划了两侧动线，从主卧也可抵达卫浴。

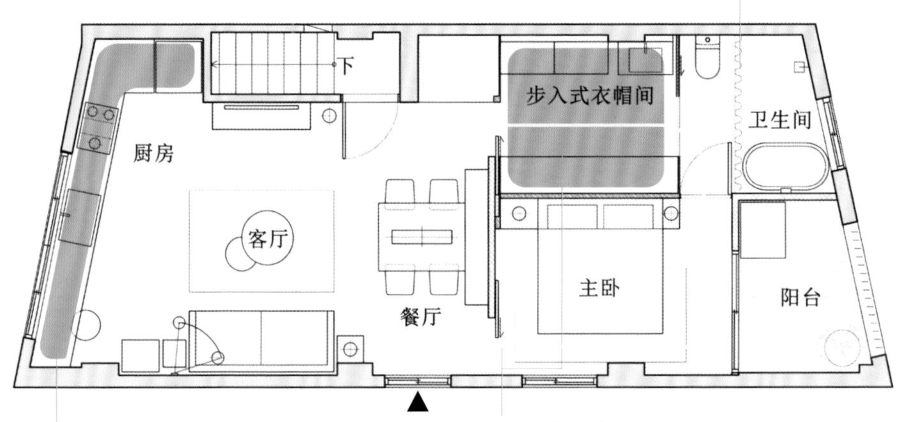

●厨房移至前端

厨房与公共区域整合在一起，L 形橱柜完美收纳电器与冰箱等设备，左侧甚至一并结合了书桌功能。

●双动线卧室多了衣帽间

把狭长户型的无用廊道变身为衣帽间，原来的卧室单纯作为睡眠区，空间感更宽敞舒适，功能更完善。

左 上 下

（左）移到前端与客餐厅整合的开放式厨房，有了电器与冰箱的收纳位置，左侧更是包含了书桌的功能。
（上）在餐厅两侧规划出循环动线，从右侧可进入主卧，再往里走即可通过廊道衣帽间，从左侧门口出来。
（下）廊道右侧布幔后是衣柜功能区，搭配斗柜，便是收纳空间丰富的更衣区域，卫浴拉门为雾面玻璃，透光又兼具私密性。

家庭信息 | 家庭成员：4 名大人 + 1 名小孩
面积：132 ㎡

案例

72 展现原木素材质感，打造治愈空间氛围

空间设计及图片提供—构设计
文—喃喃

房主需求：1. 希望加强隔声效果。2. 拆除前房主留下的过多的橱柜。3. 改变过去传统的老式装修。

这栋形状有些奇特的房子，最大的问题就是客厅多出的多边形空间，以及两间过小的卧室。考虑到电视墙的位置，沙发无法再往右侧移动，但空间不用则相当浪费，因此改用卧榻设计来解决。由于多边形空间占据面积不小，所以只用略架高的矮卧榻设计，就能兼顾实用性与维持客厅开阔感。两间小卧室的其中一间设定为书房，因此将卧室隔墙向书房移动，争取更多空间。另外，对主卫的卫浴设备进行重新调整，做出干湿分离，也让动线更为流畅；而客卫则将外面的洗手台并入，动线变得更合理，空间也因此宽敞许多。

改造前

空间大小不符合使用需求

●因户型产生难用的空间

由于原始户型的关系，窗边有一块难以利用的多边形空间。

●主卫没有干湿分离设计

虽有基本卫浴设备，但没有干湿分离，不符合房主使用习惯。

●卧室太小很难用

卧室空间太小，摆下床之后，几乎无法再摆放其他家具。

改造后

调整细节，住得更舒适

●卧榻设计化解不规则空间

为了不给客厅造成压迫感，此处用低矮卧榻设计来赋予空间功能。

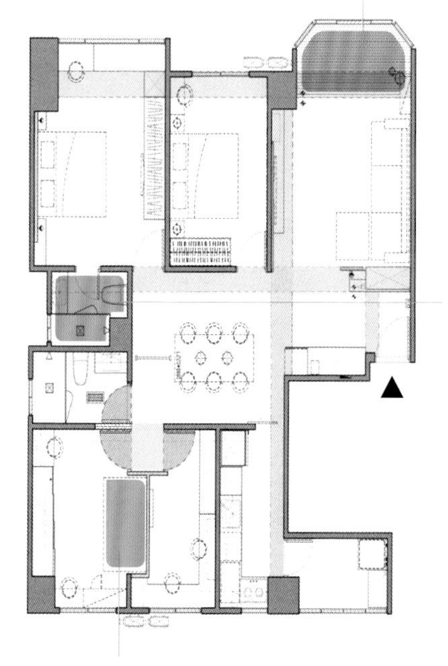

●重整设备，提升使用舒适度

重新调整卫浴设备，虽然空间不变，但做出了干湿分离，增加使用的舒适度。

●隔墙外移，扩大空间

由于隔壁房间规划为书房，因此卧室便可往书房移动，借此争取到摆放床铺的空间。

左 上 下

（左）卧榻刻意不做太高，是为了避免压缩客厅层高给人以压迫感，并保留原来的开阔视野。（上）空间大量留白，只运用温润的木材打造出自然、温暖的居家氛围。（下）厨房改用格栅门，防止油烟外溢的问题，同时借由格栅弱化空间的封闭感。

案例

73 重整三角形老屋格局，给爸妈一个舒适的退休宅

空间设计及图片提供—十一日晴空间设计
文—Ruby

家庭信息 | 家庭成员：3 名大人
面积：84 ㎡

房主需求： 1. 希望让爸妈未来退休生活能舒适便利。2. 姐妹们回家时各自有独立的睡眠空间。3. 改善老屋光线阴暗和空气不流通的问题。

这间独栋楼的房龄已逾五十年，户型呈现独特的三角形。除了因格局关系产生过多畸零空间，以及隔间配置不佳导致的室内采光阴暗之外，更在拆除隔墙后发现白蚁横生的问题，因此设计师决定采用轻钢架材料来做隔间，并减少木作比例，改用定制家具满足生活需求。对格局也进行了调整，特别是一楼，将大门入口移到另一侧，不仅是因为考虑到了户外车流噪声的问题，还因为由此可获得方正开阔的公共区域，当姐妹们回家团聚时，可以与父母共享天伦之乐。

改造前

隔间琐碎斜角多

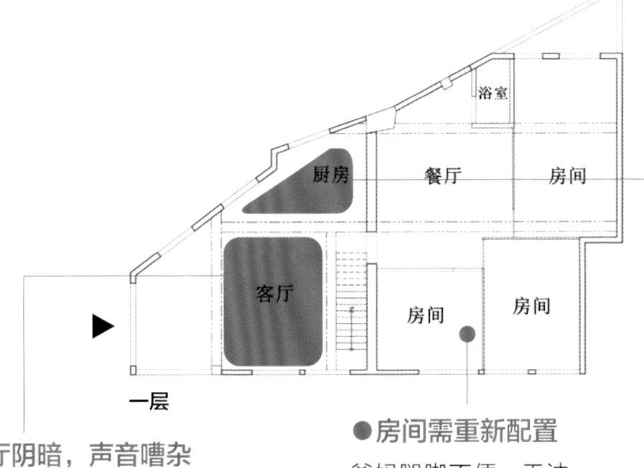

●餐厨动线不佳
原来毗邻客厅的厨房阴暗又狭小，与餐厅又隔了一道墙。

●客厅阴暗，声音嘈杂
原来的大门邻街，客厅嘈杂，且缺乏私密性。

●房间需重新配置
爸妈腿脚不便，无法再爬楼梯，一楼需规划老人房，同时也要让房主的姐妹们都有独立的房间。

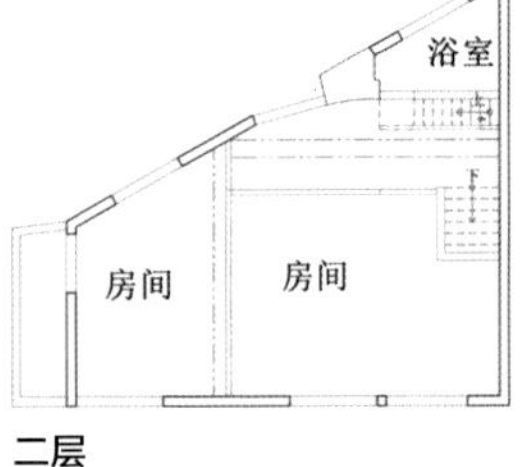

改造后

重整卫浴、厨房，使其更符合生活需求

●无障碍设计让卫浴进出更方便

考虑到老人的生活便利性，除了把房主父母卧室移到一楼，更设置了一间无障碍卫生间。

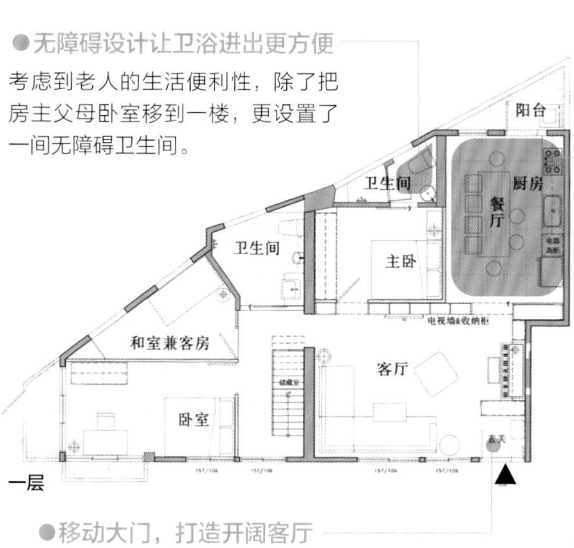

●整合餐厨，获取日光与空间感

将餐厨合并在一个半开放的独立空间，采用玻璃拉门间隔客厅，便可保留前后的光线。

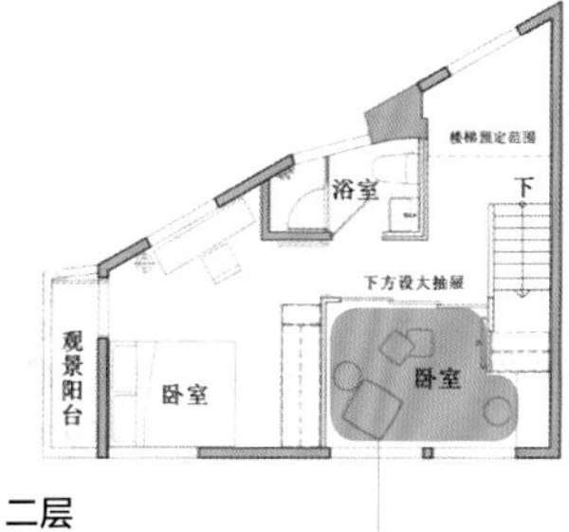

●移动大门，打造开阔客厅

把大门移到另一侧，客厅方正且开阔了许多，大家庭团聚也没问题。

●改为和室，提高空间的使用弹性

二楼卧室的其中一间改为和室，可弹性使用，既能作为卧室，又可当多功能房来使用。

左 | 中 | 右

（左）把餐厨移到邻近后阳台处的边角，局部玻璃砖起到透光的作用。（中）畸零空间被巧妙转换为无障碍卫生间，预留出轮椅转圜的空间，搭配扶手、止滑地砖，增加了使用的安全性。（右）将二楼的一间卧室规划为和室，30 cm 的高度方便长辈轻松坐下与起身。

家庭信息 | 家庭成员：2 名大人 + 2 只猫
面积：59.4 ㎡

案例 74

狭长单面采光空间，改造成开阔明亮的观景美宅

空间设计及图片提供｜尔声空间设计
文｜喃喃

房主需求： 1. 在室内便可看到最爱的露台风景。2. 需要大量收纳空间。3. 想要开放式厨房。

这套住宅虽然有房主向往的露台，但狭长户型加上单面采光，导致部分空间因采光不足而显得阴暗。因此设计师先将房主最常使用的客厅、厨房和餐厅规划在采光条件最好的位置，并刻意在露台做出框架，借此形成视觉焦点，模糊内外界线，巧妙地放大了空间感。房主有大量衣物，于是设计师重新规划了次卧，将床铺以外的空间全做成收纳柜，满足收纳需求；位于同层的卫浴，也通过扩充空间与功能，大幅提升舒适度。另外，楼梯扶手采用通透的玻璃材质，引入大量光线，并借由视线的穿透和延伸，弱化窄小空间的压迫感。

改造前

空间狭长，容易产生阴暗角落

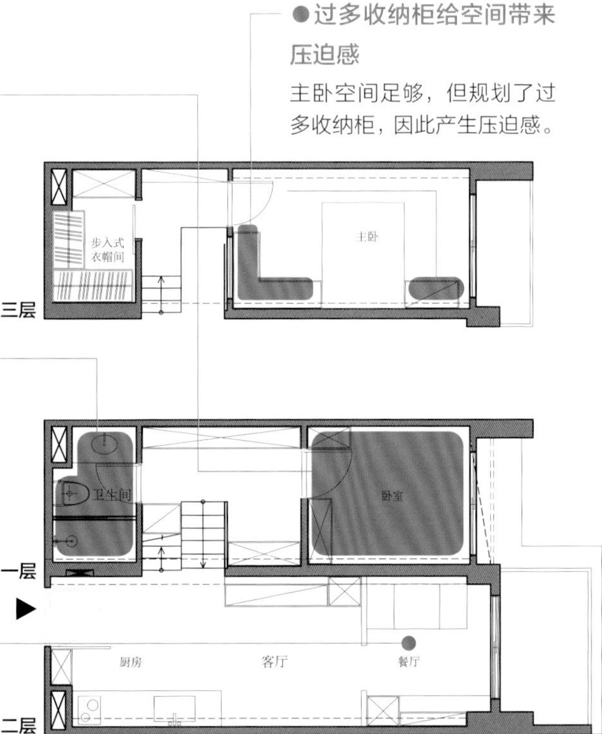

●空间规划不当

次卧空间过大，对房主来说有些过于浪费。

●缺少收纳功能

卫生间虽然容得下所有卫浴设备，但收纳空间不足，且整体空间有点狭窄。

●空间过于狭长，采光不足

由于空间为狭长户型，因此只有位于最靠近露台的餐厅才能享受到阳光。

依采光条件微调空间

●调整位置，有利于睡眠

主卧床铺往内移动，背向窗户，避免因太阳直射而影响睡眠，靠窗空间则规划为梳妆区。

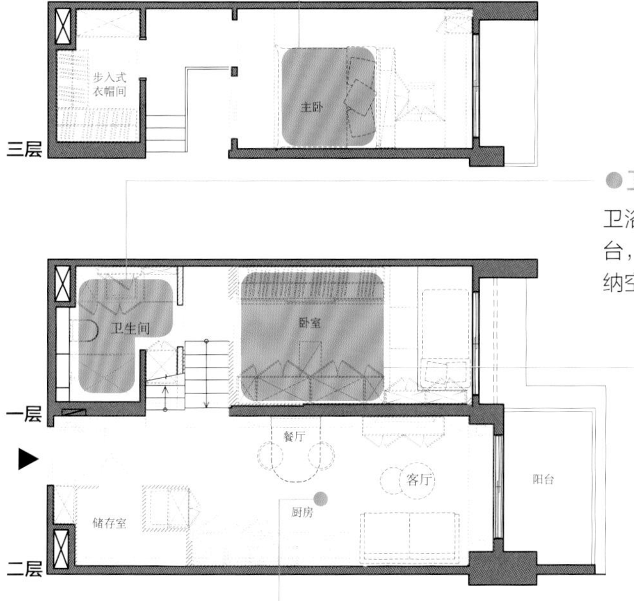

●卫浴外扩，使用更舒适

卫浴向外拓宽，延伸出洗脸平台，而增加的柜体不只多了收纳空间，还放得下洗衣机。

●缩小次卧，增加收纳

拆除次卧隔墙，将其缩减成约只有床铺大小，剩余空间规划大量收纳柜，用来收纳房主的衣物、包和鞋子。

●将采光最大化

为了最大程度地利用采光面，将客厅移至采光最好的位置，接着是餐厨区，最暗的玄关则做成收纳空间。

左 | 中 | 右

（左）卫浴通过重新规划让空间变大，使用起来更舒适，新增的柜体也让空间功能更完整。（中）次卧只留放床铺的空间，其余空间用来定制收纳柜，满足房主的收纳需求。（右）依照房主的生活模式，将客厅和餐厨整合成公共区域，不仅能获得大量采光，也满足了房主的生活需求。

家庭信息 | 家庭成员：1 名大人
面积：99 ㎡

案例

75 灵活双走道，打破窄长格局，人与光影自在悠游

空间设计及图片提供—璞沃设计
文—陈佳歆

房主需求： 1. 整体室内要有更明亮的自然光。2. 希望有舒适的空间感和流畅的动线。3. 要有墙面可以展示收藏画作。

这是一间三十年的老宅，为典型的狭长户型，只有前面和天井有采光，导致中段空间特别昏暗。整体设计理念上，以创造一个可独立、可开放的复合式空间为主轴，打破区域限制，让室内变得有趣，功能更符合房主的生活需求。因此在室内规划了双走道，形成环状动线，并在天井增设户外廊道，加上植物墙与玻璃折门设计，带动空间的动线、光线与空气的流动，提升内外空间的交流，让房主多了可以享受宁静的缓冲空间。室内两侧动线在墙面处采用冷色调处理方式，利用质感与色感上的反差，突显生活区域的温暖氛围。

改造前

窄长户型采光不足，动线单调

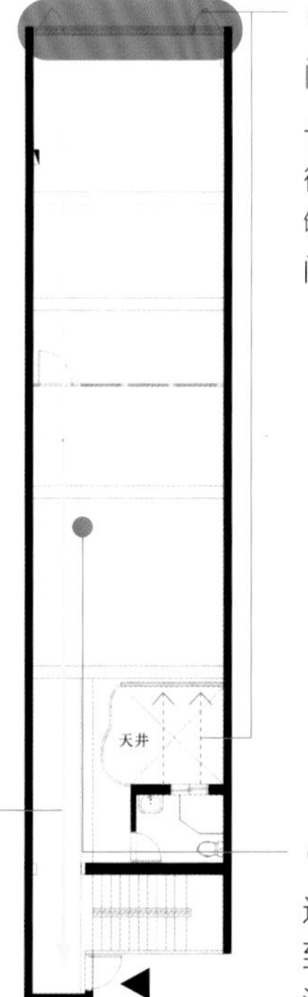

●只有前后两个采光面，中间空间很阴暗

长条户型仅有中央天井和邻近街道的窗户有光线，进光开口不够，加上封闭式格局，让中段空间没有采光，空气也不流通。

●单向动线让空间显得无趣

单一走道形成直向动线，没有缓冲转折的地方，使两端动线距离过长，行走在空间中，少了层次感。

●空间狭长，很难配置

过于窄长的户型让空间配置受到局限，每个空间彼此独立，没有交集，气氛显得沉闷。

改造后

双走道动线连接空间与光线

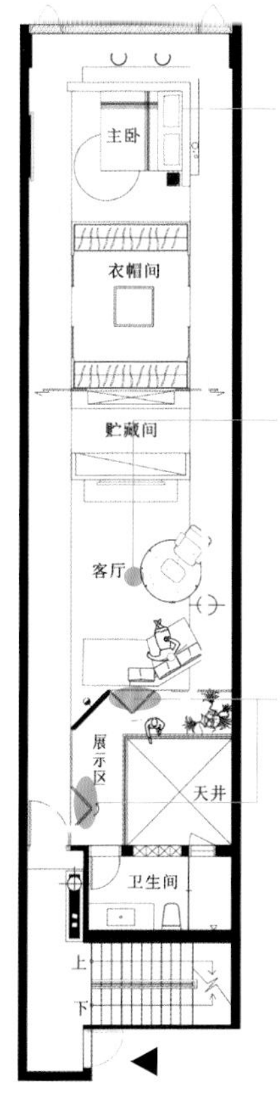

●灵活的走道活络空间气氛

借由双走道串联起整个空间，让房主可以更自在地穿梭于每个区域，并用地面材质划分走道与生活区域，让活动空间集中在中央。

●开放式设计突破光线和视线限制

公共区域和私密区域从入口开始循序配置，只利用玻璃拉门灵活间隔，将采光较好的位置留给客厅及卧室，开放式设计搭配透光材质，展开空间视野。

●玻璃折门作为中间分界，模糊内外空间

利用天井区域连接外部空间，增加玻璃折门并刻意内退，留出廊道位置，当折门完全敞开后，就形成了一个可以休憩的半户外空间。

左 | 中 | 右

（左） 在天井区域运用玻璃折门和植物墙营造出一个连接内外的空间。（中） 两侧走道可串联两端光源，同时提供开阔的墙面，让房主的收藏画作能尽情在空间展示。（右） 主卧配置在邻窗位置，并且从床头墙延伸出了桌面平台，赋予空间办公及阅读的功能。

设计者信息

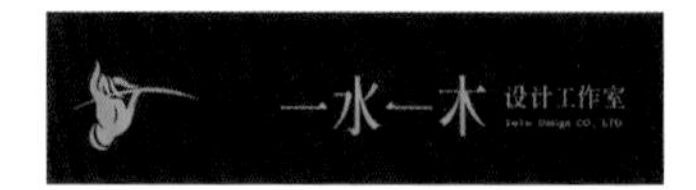

一水一木设计公司

PHDS

一它设计

Studio In2 深活生活设计

十一日晴空间设计

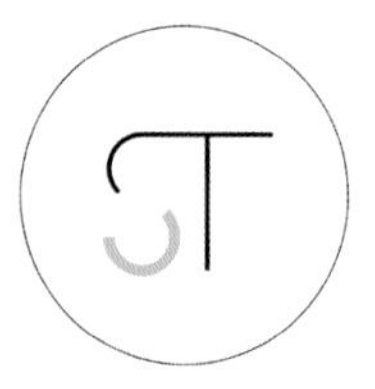

ST design studio

方构设计

甘纳设计

好治设计

北境空间设计

隹设计 ZHUI Design Studio

成境室内装修设计有限公司

知域设计 NorWe

灰色大门设计有限公司

思维设计

尔声空间设计

彗星设计

拾隅空间

创境国际室内装修有限公司

乘四研究所

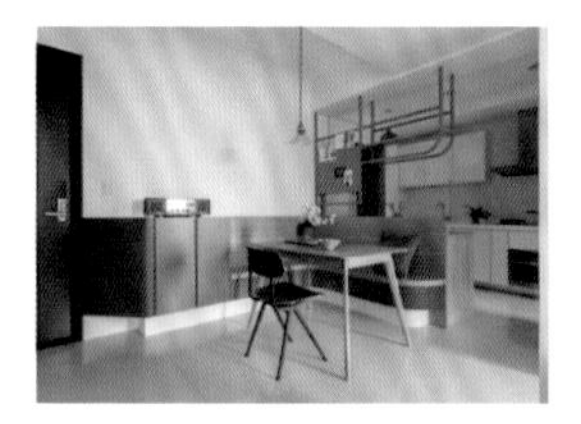

寓子设计

都市居所

森参设计

里心设计

福研设计

空間設計
SINCERE
SPACE
DESIGN

实适空间设计

润泽明亮设计事务所

构设计

璞沃设计